高职高专测绘类新型立体化规划教材
全国测绘地理信息类职业教育规划教材

不动产测绘实训

（活页式、立体化教材）

主　编　李宏超　张萍丽

黄河水利出版社
·郑州·

内 容 提 要

本书采用基于工作过程的项目引领、任务驱动的模式编写，以不动产测绘工作流程为主线，完整地体现了从零开始，直至完成不动产数据库建设并最终进行验收与提交资料的全部工作过程。过程中的各分步环节均有相应的任务对应。本书共分为6个项目、11个任务，项目一不动产调查，包含不动产权籍调查、土地利用现状调查、房屋调查3个任务；项目二不动产要素测量，包含界址点测量、界址点精度检核2个任务；项目三不动产图测绘，包含地籍图测绘、宗地图测制2个任务；项目四不动产面积测算，包含解析法面积量算、房屋共有面积分摊计算2个任务；项目五不动产变更测绘，包含不动产变更调查1个任务；项目六不动产数据库建设，包含集体土地使用权数据库建设1个任务。

本书可作为测绘类高、中等职业院校不动产测绘、地籍测绘等相关课程的实训教材，也可供测绘地理信息行业技术人员、技能人员参考使用。

图书在版编目(CIP)数据

不动产测绘实训/李宏超，张萍丽主编. —郑州：黄河水利出版社，2021.9

高职高专测绘类新型立体化规划教材　全国测绘地理信息类职业教育规划教材　活页式、立体化教材

ISBN 978-7-5509-3066-7

Ⅰ.①不…　Ⅱ.①李…②张…　Ⅲ.①不动产-测绘-高等职业教育-教材　Ⅳ.①F293.3

中国版本图书馆CIP数据核字(2021)第159070号

组稿编辑：陶金志　电话：0371-66025273　E-mail：838739632@qq.com

出 版 社：黄河水利出版社　网址：www.yrcp.com

地址：河南省郑州市顺河路黄委会综合楼14层　邮政编码：450003

发行单位：黄河水利出版社

发行部电话：0371-66026940、66020550、66028024、66022620(传真)

E-mail：hhslcbs@126.com

承印单位：河南匠之心印刷有限公司

开本：787 mm×1 092 mm　1/16

印张：12.25

字数：283千字　印数：1—3 000

版次：2021年9月第1版　印次：2021年9月第1次印刷

定价：59.00元

前　言

本书是不动产测绘、地籍测绘等相关课程的配套实训教材，可供测绘地理信息行业技术人员、技能人员或有关院校师生参考使用。本书涉及面广，内容翔实，结构合理，通俗易懂，统筹考虑了理论知识和生产实践的关系，注重理论与实际相联系，力求实现知识和技能相统一。本书依据最新的行业技术标准和规范，引入生产实例，并融入许多新技术和新方法，注重实际操作能力培养，具有较强的实用性和指导性；同时本书设置思政小课堂环节，依据思政案例在思想政治方面对学生进行教育，满足了学生在适应社会、建立情感、克服困境等方面的生存需要，以及智力、思想政治、品德素质等方面的精神发展需要，向学生传承了热爱祖国、忠诚事业、艰苦奋斗、无私奉献的测绘精神。

本书基于工作流程系统化，以工作任务构建课程纲要，以工作流程组织实训内容，以实际的不动产测绘为主线，以各个环节为载体，结合认知规律，从简单到复杂，循序渐进地进行了课程的构建。通过学习可以使学习者掌握不动产测绘工作的基本理论知识及基本技能，培养其分析问题和解决问题的能力，形成良好的学习习惯，具备优良的职业素养，为今后深层次学习、解决实际生产问题及职业生涯的可持续发展奠定良好的基础。

本书共分为 6 个项目、11 个任务。项目一不动产调查，包含不动产权籍调查、土地利用现状调查、房屋调查 3 个任务；项目二不动产要素测量，包含界址点测量、界址点精度检核 2 个任务；项目三不动产图测绘，包含地籍图测绘、宗地图测制 2 个任务；项目四不动产面积测算，包含解析法面积量算、房屋共有面积分摊计算 2 个任务；项目五不动产变更测绘，包含不动产变更调查 1 个任务；项目六不动产数据库建设，包含集体土地使用权数据库建设 1 个任务。每个任务包含目的与要求、实训准备、步骤与方法、注意事项、实训成果和成绩考核 6 项内容。为方便读者预习复习，全书共录制了 37 个教学视频，通过学生参与、教师指导、成果创造、反思评价等教育技术手段，促进学生对知识和技能的掌握。

本书由河南测绘职业学院教务处组织编审，由李宏超、张萍丽担任主编，穆宝胜、刘洪飞、陈小歌、马倩倩担任副主编，侯方国负责全书统稿。在本书编写过程中，得到了郭增长教授、王春祥副教授、朱文军副教授、周荣副教授等多位专家教授的大力指导，并得到了河南测绘职业学院教务处、国土信息与管理系、测绘工程系、空间信息工程系和遥感工程系的大力支持和帮助，在此，对给予指导的专家表示感谢！对黄河水利出版社为本书顺利出版给予的大力支持表示感谢。

由于编者水平有限，书中难免会有错漏和不足之处，恳请广大读者提出宝贵的意见和建议，以便今后加以修订和完善。

编　者

2021 年 7 月于郑州

目　录

实训须知

不动产测绘实训课可培养学生实际操作能力、加深学生对课程内容的理解，是理论联系实际、加强基本技能的有效措施。实训课重点是培养学生专业操作技能，与理论教学环节有着密切的联系。

本部分内容主要包括实训规定、领借仪器、仪器的使用与维护、记录字体及有关规定和机房实训须知等。通过本部分的学习，使学生了解不动产测绘实训的一些基本要求及注意事项，养成爱护公共财产、团结协作、严谨求实的职业精神。

【实训规定】

(1)每次实训内容，在教学计划中均有安排，教师应事先通知学生，学生应在实训前做好预习，参考教材相应内容及本书，弄清实训目的、要求、方法、步骤及有关注意事项。

(2)每次实训前，应先到现场(或仪器室或机房)集合。教师进行简单布置后，学生可按要求领取仪器器材，仪器领取完毕，教师应按实训内容，统一给学生讲解本次实训的内容、目的、方法、步骤、要求及有关注意事项，然后由学生按要求进行实训。

(3)实训结束后，学生应及时将实训报告提交给指导教师。经指导教师看过记录或了解实训情况并同意后方可结束实训，交还仪器或离开机房。

(4)在规定时间内没有完成规定实训项目的，自行安排课外时间补做，直到完成任务。实训成果如有较大错误，教师可视情况决定返工或补做某些项目。

(5)学生不得无故不参加实训。根据学籍管理有关规定，若有1/3实训项目没有参加，本课程成绩按不及格处理。

【领借仪器】

(1)每次实训所需要的仪器器材，均已在本实训指导书上载明。学生应以实训小组为单位，按实训教师指定的时间到仪器室领借。

(2)领借仪器时，学生应按组号依次进入仪器室，在指定地点凭学生证领取，并当面清点仪器器材数量及完好情况。如发现问题，应当面将情况报告管理人员处理。

(3)实训过程中，仪器器材应妥善保管。组长负责检查和清点仪器器材。如有遗失或损坏，应及时向指导教师或管理人员报告。学校将根据具体情况，按有关规定处理。

(4)实训过程中，如发现仪器器材有问题，应及时将有关问题填写在“仪器使用记录”中，并报告仪器管理人员。

(5)实训结束后，应及时按规定填写“仪器使用记录”并将仪器器材交还仪器室。待管理人员当面验收后，将学生证退还本人。

【仪器的使用与维护】

测量仪器属于精密贵重仪器，是完成教学和测绘任务必不可少的工具。正确使用和维护测量仪器，对保证教学进度、提高测量精度和工作效率、防止仪器损坏、延长仪器使用年限有着重要的作用。损坏或丢失器材，不仅造成国家财产和个人经济上的损失，而且会影响教学和测量工作的正常进行。因此,注意正常使用和爱护仪器,是每个测绘工作者的美德。下面介绍本课程涉及的有关仪器的使用和维护常识。

一、仪器使用要求

(一)检查仪器

领借到仪器后,要按以下项目检查仪器:

(1)箱盖是否关妥、锁好。

(2)背带、提手是否结实牢固。

(3)三脚架与仪器是否配套,三脚架各部件是否完好,其他器材和附件是否齐全。

(二)打开仪器箱的注意事项

(1)仪器箱应平放在地面上或平台上才能开箱,不要托在手上或抱在怀里开箱,以免将仪器损坏。

(2)开箱后未取出仪器前,要注意仪器在箱内的安放位置与方向,以免用完装箱时,因安放位置不正确而损坏仪器。

(三)自箱内取出仪器时的注意事项

不论何种仪器,在取出前应先放松制动螺旋,然后取出仪器。否则,在取出仪器时,会因强行扭转而损坏制动、微动装置,甚至损坏轴承。

(四)架设仪器时的注意事项

(1)伸缩式脚架三条脚抽出后,要把螺旋拧紧(要适可而止,不要用力过猛,以免螺旋滑丝),防止因螺旋未拧紧造成架腿自动收缩而摔坏仪器。

(2)安置脚架时,三脚架腿分开的跨度要适中,太靠拢容易被碰倒,太分开又容易滑开,都易造成事故。若在斜坡地面上架设仪器,应使两条架腿在坡下(可稍长些),另一条架腿在坡上;如在光滑地面(如水泥地、柏油路)上架设仪器,要采取安全措施,可用细绳把三脚架稳住,以防止脚架滑动,摔坏仪器。

(3)三脚架安放稳妥并将仪器放到三脚架头上后,应立即拧紧仪器与三脚架间的中心连接螺旋,防止因忘记拧连接螺旋或拧得不紧而摔坏仪器。

(五)仪器在使用过程中的注意事项

(1)防止烈日暴晒和雨淋,使用时应持伞保护。

(2)只要安置好仪器,在任何时候,仪器旁边必须有人守护,以免丢失或行人、车辆、牲畜等碰坏仪器。

(3)如遇物镜、目镜表面蒙上水汽或灰尘,切勿用手、手帕或一般纸去擦,擦拭不当会产生擦痕,影响观测效果和使用寿命;揩拭镜头,应先以柔软洁净的毛刷扫去尘沙,再用特备的镜头纸揩拭。

(4)操作仪器时,只准一人动仪器,用力要均匀,动作要准确、轻捷,用力过大或动作太猛都会造成仪器损伤。

(5)在使用仪器前,应将脚螺旋、微动螺旋等放在中间部位,切勿扭至极端,如转不动更不准强行扭动。

(6)若发现仪器出现故障,应立即停止使用,并报告指导教师,查明原因并及时维修,不准仪器带病运用和私自拆卸仪器。

(7)仪器装箱前,要用软毛刷轻拂表面的尘土,盖好镜头盖,仪器箱内若有杂物,应及时清除干净。要放松各制动螺旋并转动三个脚螺旋于中间位置,将仪器放入箱内后,先试盖一次,在确认仪器放置正确后,再将各制动螺旋稍微拧紧,防止仪器在箱内自由转动而损坏某些部件。

(8)清点箱内附件,如有缺少,应立即寻找。若附件完好,可将仪器箱关妥,扣紧锁好。若丢失附件,应如实记录并报告管理人员。

(六)仪器迁站时的注意事项

(1)在带着仪器行进过程中,一定要注意仪器安全。凡是能背的仪器,一定要检查好背带,然后按要求背在肩上,不允许用自行车带仪器或背着仪器骑车,更不准用标尺、花杆或其他东西抬着仪器走。

(2)在平坦地区短距离迁站时,先检查仪器与脚架中心的连接螺旋,一定要拧紧;再微松照准部制动螺旋,使其万一被碰时可稍微转动。对于一般仪器,可收拢三脚架放在腋下,一只手抱住脚架,另一只手托住基座和照准部;对于精密仪器,在迁站时,应将三脚架撑开,用肩托住三脚架内部顶板,使仪器保持垂直。严禁将三脚架收拢后把仪器扛在肩上迁移。

(3)当远距离或通过行走不便的地区迁站时,应将仪器按要求装箱后搬迁。

(4)每次迁站时都要清点所有仪器器材及附件,以防丢失。

二、其他仪器器材

(1)钢尺性脆易断,使用时要备加小心。严禁在地面上拖拉,严禁行人脚踏或各种车辆轧过。使用钢尺时,应两人拉尺,中间有一人托尺,防止因打结而扭断。用完收卷时,同时用布擦去灰沙。皮尺强度小,使用时不宜过于用力。万一皮尺浸水,应晾干后再卷入。

(2)手持测距仪要检查开关机是否正常、电量是否充足,以免因为仪器及电源故障耽误实训。

(3)标尺不准随便靠在树上或墙上而无人扶,以免滑倒摔坏;绝不允许踏、坐在标尺上或用标尺抬东西。在标尺上读数时,不准用指甲或铅笔等做记号或乱画,以免损坏尺面。

(4)棱镜杆不能用来抬东西,要注意不能使棱镜杆弯曲,并要注意保护棱镜杆上的油漆。

(5)标尺、脚架上的泥土,应随时揩净;如着水,应随即揩干,以免油漆脱落或生锈。

(6)要防止尺垫、钢卷尺、手持测距仪等器材丢失,更不允许记录手簿和有关资料丢失。

【记录字体及有关规定】

(1)观测手簿是测量成果的原始资料。为保证测量成果的严肃性、可靠性,要求各项记录必须在测量时直接、及时记入手簿,不能靠记忆补记或记录在其他地方后进行转抄。

(2)记录时文字均用正楷体,阿拉伯数字用记录字体(白斜体)。记录数字字体如图 0-1 所示。

图 0-1　记录数字字体

书写记录数字时应注意以下几个问题:

①略微向右倾斜,符合书写习惯,写起来自然流畅且不易相互更改。

②"1"起笔应带钩,使之不易改成"4""7""9"等;但钩不宜太长,以防误认为"7"。

③"7"的拐角应带棱,一笔到底,竖笔应有一定弧度。

④"8"应一笔写成,起笔、停笔在右上角并留有缺口,可防止由"3"改"8"。

⑤"9"的缺口也留在右上角,可防止由"0"改"9"。

(3)外业观测数据必须记录在带编号的、装订成册的手簿上,手簿不得空页。作废的记录应保留在手簿上。不得撕页,不得在手簿上乱写乱画。

(4)所有记录与记录过程的计算,均需用 H~3H 绘图铅笔。字体应端庄清晰,字体高度应只占格子的一半,以留出空隙便于更正。

(5)手簿中规定应填写的项目,不得留有空白。

(6)记录员听到观测员报数后,应回报一遍,观测员听到没有否定后,方可记入手簿,以防记录员听错、记错。

(7)在观测手簿中,对有正、负意义的量,在记录计算时,都应带上"+"号或"-"号。即使是"+"号也不能省略。

(8)外业观测手簿中记录数字如有错误,严禁用橡皮擦、就字改字、小刀刮或挖补。更正时应用横线将错误数字划去,再将正确数字写在原数上方,并在备注栏内注明原因。除计算数据外,所有观测数据的更正和淘汰,必须在备注栏内注明原因和重测结果记于哪一页。重测记录前,均应填写"重测"二字。

(9)在同一测站内,不得有两个相关数据"连环涂改"。如改"平均数",则不准再改任何一个原始数据,假如两个数均错,则应重测重记。

(10)对于观测值的尾部读数有错误的记录,不论什么原因都不允许更改,而应将该站观测结果废去重测。不准更改部位和应重测范围见表 0-1。

表 0-1　不准更改部位和应重测范围

测量种类	不准更改部位	应重测范围
角度测量	秒读数	该测回
水准测量	厘米及毫米读数	该测站

(11)记录数字,应按规定位数写整齐,不得省略零位,见表 0-2。

表 0-2 记录数字要求

测量种类	数字单位	记录位数	实例
角度测量	分、秒	各二位	103°00′06″
水准测量	毫米	四位	0810

(12)所有记录如不按规定办理,将视情况部分或全部作废重测。

【机房实训须知】

一、学生上机守则

(1)不准带与上课无关的东西,如水果、饮料、口香糖等进入机房,严禁赤膊、穿背心和拖鞋等进入机房。

(2)学生应在上机前提前 5 min 有秩序地进入规定机房上机。上机期间,不得擅自离开机房;如需暂离机房必须向老师请假,获准后方可离开。

(3)按时上下机,不准迟到、早退,有事需认真履行请假手续;教学上机时非本班学生一律不得进入。

(4)进入机房后须对号入座,服从指导教师的调配,不得擅自调换座位;学生上机如确有原因需更换机器,必须征得教师同意后按指定位置上机。对号入座后需按要求填写"机房登记使用表"。

(5)保持机房安静、整洁。机房内不准大声喧哗,不准聊天、嬉笑、打闹和做与学习无关的事情。

(6)在机房内严禁吸烟,不随地吐痰,不乱丢垃圾,不准在计算机设备及桌、椅、墙壁上乱涂乱画。不可野蛮操作计算机,如用力敲击键盘、鼠标等。

(7)禁止使用机房电源及 USB 接口对任何非机房设备充电,不得改变键盘的键位排列。

(8)爱护机房设施,爱护公物及他人的物品,不准击打室内的桌凳、机器、地面、墙壁等;严禁动用机房内的其他设施,未经允许不得改动或移动机房内的电源、空调、机柜、终端等;不得碰动机器后的网络电缆线、电源线、电源插座;严禁私自拆卸配件、更改设置参数、添加口令、删除文件。

(9)如遇计算机和其他设备发生故障损坏,应立即停止使用,并向指导教师报告。

(10)上机结束后,把凳子摆放整齐,做好机位周围的清洁工作。

二、指导教师岗位职责

(1)指导教师上课前应到机房管理员处领取机房钥匙,并在钥匙领取登记表上登记信息,下课后立即到机房管理员处归还钥匙,并确认签字。在规定时间、规定机房上课,并严格执行机房的管理制度。

(2)每门课程初次在机房上课时,指导教师应对学生进行上机注意事项及相关制度的教育。

(3)对于按教学计划排定的课程,指导教师应明确实训内容,耐心指导学生上机,及时解答学生疑问;需更改课程安排的,提前一天通知机房管理员。

(4)指导教师在上课前启动电源开关,不得由学生来启动电源。

(5)上机时指导教师应提出具体、明确操作内容和要求,在学生上机操作过程中指导教师应加强巡视,指导、检查、督促学生进行有关操作。

(6)上机期间保持机房安静,指导教师应负责维持好机房秩序。

(7)督促学生严格遵守上机守则,及时纠正学生的违章操作行为,制止学生的违纪行为,督促学生填写学生上机登记表。

(8)学生上机结束前,指导教师应提醒学生整理桌面、放好凳子,并对实训教室进行清扫。指导教师应在所有学生离开机房后,才能离开机房。

(9)机房的所有设备,教师和同学都应当加以爱护。教师在教学过程中如需对机器进行拆卸处理,应向实训中心主管领导提出申请,经允许后方可进行,工作结束后应及时恢复原状。

(10)在学生使用过程中计算机发生故障时,应及时向指导教师报告,由指导教师负责解决。如当场不能解决,课后应通知机房管理员,并将具体情况填写在"机房使用情况登记表"上。

(11)机房物品原则上一律不外借,如确因工作需要需借出使用,必须书面报告并经实训中心主管领导签字同意后方可借出。

(12)因课程需要使用特殊设备或软件的,应事先与上级领导协商。

三、应急情况处理办法

(1)指导教师要时刻保持警惕,熟练掌握灭火器材的使用方法,密切注意机房设备的运行情况。

(2)发现机房内有异常气味时,要认真仔细地检查机房的各个部位,直到查明原因,确保无危险情况时为止。

(3)发现机房有烟雾时,首先要切断电源,及时疏散学生撤离现场,并第一时间通知主管部门。

(4)发现机房出现火焰时,首先要切断电源,及时疏散学生撤离现场,并第一时间通知主管部门。同时在保证自身安全的情况下,使用灭火器等控制和扑灭火焰。

项目一　不动产调查

【项目说明】

本项目为不动产调查，包含三个主要内容：不动产权籍调查、土地利用现状调查和房屋调查。通过本项目的学习使同学们有如下的专业能力提升：

1. 掌握不动产权籍调查的工作内容及工作流程和方法，对不动产权籍调查表的各项内容有深刻的理解，并且能独立完成不动产权籍调查表的填写。

2. 能够熟练地利用 ARCGIS 软件制作调查工作底图及提取变化图斑，同时掌握土地利用现状调查的外业工作内容及工作流程和方法，并且能够对外业变化图斑进行内业的重新修改。

3. 掌握房屋调查的工作内容及工作流程和方法，对房屋调查表的各项内容有深刻的理解，并且能独立完成房屋调查表的填写。

【项目任务】

任务一　不动产权籍调查。

任务二　土地利用现状调查。

任务三　房屋调查。

【项目成果】

1. 不动产权籍调查表。

2. 外业调查信息记录表。

3. 内业图斑信息提取成果图。

4. 农村房屋不动产登记房屋调查表。

任务一　不动产权籍调查

一、目的与要求

(1) 通过本次实训，使学生对不动产权籍调查的工作内容和实施过程有清楚的认识和了解。

(2) 通过不动产权籍调查表的填写使学生熟悉和掌握外业调查表格中各项的含义和填写方法。

(3) 每人根据某权属单元具体案例独立完成一宗地的不动产权籍调查表格填写。

二、实训准备

调查底图、不动产权籍调查表、记录笔。

三、步骤与方法

(一)调查底图制作

在现有的地籍成果、地形图、影像图等图件基础上制作本项目调查工作底图。在县级行政辖区内,以乡(镇)、街道界线为基础结合明显线性地物划分地籍区。在地籍区内,以行政村、居委会或街坊界线为基础结合明显线性地物划分地籍子区。地籍区、地籍子区划定后,其数量和界线应保持稳定,原则上不随所依附界线或线性地物的变化而调整。将已划定的地籍区、地籍子区界线、调查范围界线及其简单属性数据叠加到基础图件上,打印输出,作为地籍调查工作底图,也可将工作底图装进信息化智能终端,进行外业实地调查核实。

(二)预编宗地代码

(1)在地籍子区内,按照以下情形划分宗地:

①依据宗地的权属来源,划分国有土地使用权宗地和集体土地所有权宗地。在集体土地所有权宗地内,划分集体建设用地使用权宗地、宅基地使用权宗地、土地承包经营权宗地和其他使用权宗地等。

②两个或两个以上农民集体共同所有的地块,且土地所有权界线难以划清的,应设为共有宗。

③两个或两个以上权利人共同使用的地块,且土地使用权界线难以划清的,应设为共用宗。

④土地权属未确定或有争议的地块可设为一宗地。

(2)根据土地登记申请书及土地权属来源证明材料,将每一宗地标绘到工作底图上,在地籍子区范围内,从西到东、从北到南,统一预编宗地代码,并填写到不动产权籍调查表及土地登记申请书上。

(3)宗地代码编码规则如下所示:

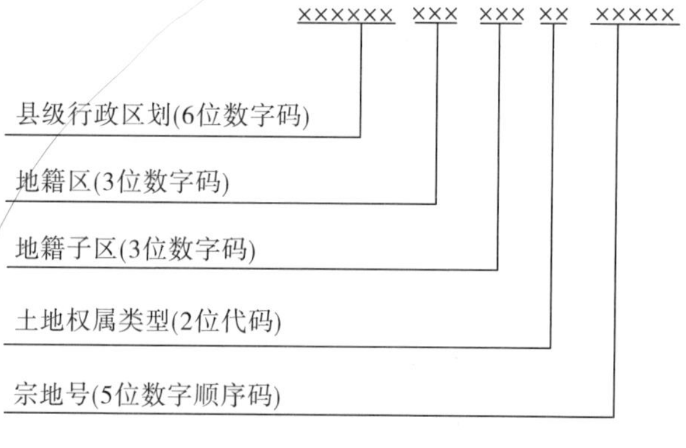

其中:

①第一层次为县级行政区划,代码为6位阿拉伯数字,采用《中华人民共和国行政区划代码》(GB/T 2260—2007/XG1—2016)。

②第二层次为地籍区，代码为 3 位，用阿拉伯数字表示。

③第三层次为地籍子区，代码为 3 位，用阿拉伯数字表示。

④第四层次为土地权属类型，代码为 2 位。其中，第一位表示土地所有权类型，用 G、J、Z 表示，其中"G"表示国家土地所有权；"J"表示集体土地所有权；"Z"表示土地所有权争议。第二位表示宗地特征码，用 A、B、S、X、C、W、Y 表示，其中"A"表示集体土地所有权类型；"B"表示建设用地使用权宗地（地表）；"S"表示建设用地使用权宗地（地上）；"X"表示建设用地使用权宗地（地下）；"C"表示宅基地使用权宗地；"W"表示使用权未确定或有争议的土地；"Y"表示其他土地使用权宗地，用于宗地特征扩展。

⑤第五层次为宗地号，代码为 5 位数字顺序码，用 00001～99999 表示，在相应的宗地特征码后编码。

（三）土地权属状况调查

1. 调查内容

（1）土地权利人。调查核实土地权利人的姓名或者土地权利人的名称、单位性质、行业代码、组织机构代码、法定代表人（或负责人）姓名及其身份证明、代理人姓名及其身份证明等。

（2）土地权属性质及来源。调查核实土地的权属来源证明材料、土地权属性质、使用权类型、使用期限等。

（3）土地位置。对土地所有权宗地，调查核实宗地四至，所在乡（镇）、村的名称，所在图幅等。对土地使用权宗地，调查核实土地坐落、宗地四至、所在图幅等。

（4）土地用途。调查核实土地的批准用途和实际用途。

①对土地使用权宗地，根据土地权属来源材料或用地批准文件确定批准用途，并现场调查确定实际用途。

②对集体土地所有权宗地，不调查批准用途和实际用途。宗地内各种地类的面积及其分布直接引用已有土地利用现状调查成果。

（5）其他。包括土地的共有共用、土地权利限制等情况。

2. 调查情况处理

土地权属状况与实际情况一致的，按照土地权属状况填写不动产权籍调查表；无土地权属来源资料或土地权属来源资料缺失、不完整，以及土地权属状况与实际情况不一致的，按照实际调查情况填写不动产权籍调查表，在不动产权籍调查表的说明栏目中填写情况说明，必要时应附由权利人提供的相关证明材料的复印件。

3. 界址调查

界址调查包括指界、界址点和界标设置、界址边长丈量等工作。

1）指界

对土地权属来源资料合法、界址明确、经实地核实界址无变化的宗地，可直接利用已有资料填写不动产权籍调查表，原土地权属来源资料复印件作为不动产权籍调查表的附件。对土地权属来源资料中的界址不明确的宗地，以及界址与实地不一致的宗地，需要现场指界，并将实际用地界线和批准用地界线标绘到工作底图上，并在不动产权籍调查表的权籍调查记事栏中予以说明。对无土地权属来源资料，根据法律法规及有关政策规定，经核实为合法拥有或使用的土地,可根据双方协商、实际利用状况及地方习惯现场指界。

(1)通知指界。根据调查计划,将指界通知书送达调查宗地和相邻宗地权利人并留存回执。土地权利人下落不明的,可采取公告方式,告知其在指定的时间到指定地点出席指界。

(2)现场指界。权利人是单位的,指界人可以是法定代表人(或负责人),也可以是代理人。权利人是个人的,指界人可以是权利人本人,也可以是代理人。法定代表人(或负责人)出席指界的,应出具法定代表人(或负责人)身份证明书和本人身份证明;权利人本人出席指界的,应出具本人身份证明;代理人出席指界的,应出具代理人身份证明及指界委托书。共有或共用宗地,由共有人或共用人共同指界或共同委托代理人出席指界,并出具代理人身份证明和指界委托书。农民集体所有土地的指界人由该农民集体依法推举产生,公告推举结果,并出具证明。

调查员、本宗地指界人及相邻宗地指界人应同时到场进行指界,并在不动产权籍调查表上、土地权属界线协议书上或土地权属争议原由书上签字盖章确认。指界时,调查员应查验指界人身份证明。

调查员对指界人指定的界址点,应现场设置界标,确认界址线类型、位置,并标注在调查底图上。与未确定土地使用权的国有土地相邻的宗地,可根据土地权属来源资料单方指界。

(3)违约缺席指界。如一方缺席,其宗地界线根据土地权属来源资料及另一方所指界线确定。如双方缺席,其宗地界线由调查人员根据土地权属来源资料、实际使用现状及地方习惯确定,并将现场调查结果及违约缺席定界通知书送达违约缺席者。违约缺席者对调查结果如有异议,须在收到调查结果之日起 15 日内,重新提出划界申请,并负责重新划界的全部费用。如逾期不申请,经公告 15 日后,则上述两条确定的界线自动生效。

(4)指界结果处理。现场指界无争议的,填写不动产权籍调查表,指界人在不动产权籍调查表上签字盖章。对面积较大、界线复杂的集体土地所有权宗地和国有建设用地使用权宗地,宜签订土地权属界线协议书并签字盖章。界址线有争议的土地,填写土地权属争议原由书并签字盖章。

应将集体土地所有权宗地的调查结果送达指界人,并要求指界人在村民会议或村民代表会议上说明指界结果,同时以张贴公告形式公示指界结果。如有异议,必须在结果送达之日起 15 日内提出申请,并负责重新划界的全部费用;异议期间届满后,指界结果即为生效。

指界人在指界后,不在不动产权籍调查表上、土地权属界线协议书上签字盖章的,参照违约缺席指界规定执行。

2)界址点和界标设置

(1)界址点的设置应能准确表达界址线的走向。相邻宗地的界址线交叉处应设置界址点。土地权属界线依附于沟、渠、路、河流、田坎等线状地物的交叉点应设置界址点。在一条界址线上存在多种界址线类别时,变化处应设置界址点。

(2)界标设置。在界址点上应按规定设置界标,界标类型由界址线双方的土地权利人确定。设置界标有困难时(如界址点在水中),应在不动产权籍调查表或土地权属界线协议书中,采用标注界址点位和说明权属界线走向等方式描述界址点具体位置。损坏的界标,可根据已有解析界址点坐标和界址点间距、宗地草图、土地权属界线协议书等资料,采用现场放样、勘丈等方法恢复界址点。

3)界址边长丈量

(1)应实地丈量界址边长。

(2)解析法测量的界址点,每个界址点至少丈量一条界址点与邻近地物的相关距离或条件距离;未采用解析法测量的界址点,每个界址点至少丈量二条界址点与邻近地物的相关距离或条件距离。

(3)确实无法丈量界址边长、界址点与邻近地物的相关距离和条件距离时(如界址点在水中等特殊情况),应在界址标示表中的说明栏中说明原因。

(4)采用钢尺(尺段规格为 30 m 或 50 m)丈量界址边长时,应控制在 2 个尺段以内。超过 2 个尺段时,解析法测量的界址点,可采用坐标反算界址边长,并在界址标示表的说明栏中说明。

(四)不动产权籍调查表填写

宗地权籍调查完成后,应将权籍调查的结果填写在不动产权籍调查表中。

附录 A

不动产权籍调查表

宗地代码：

调查单位(机构)：

调查时间：　　年　　月　　日

<table>
<tr><td colspan="6">宗地基本信息表</td></tr>
<tr><td rowspan="5">权利人</td><td>所有权</td><td colspan="4"></td></tr>
<tr><td rowspan="4">使用权</td><td rowspan="4"></td><td>权利人类型</td><td colspan="2"></td></tr>
<tr><td>证件种类</td><td colspan="2"></td></tr>
<tr><td>证件号</td><td colspan="2"></td></tr>
<tr><td>通信地址</td><td colspan="2"></td></tr>
<tr><td colspan="2">权利类型</td><td></td><td>权利性质</td><td>土地权属来源
证明材料</td><td></td></tr>
<tr><td colspan="2">坐落</td><td colspan="4"></td></tr>
<tr><td colspan="2" rowspan="2">法定代表人
或负责人姓名</td><td rowspan="2"></td><td>证件种类</td><td rowspan="2">电话</td><td rowspan="2"></td></tr>
<tr><td>证件号</td></tr>
<tr><td colspan="2" rowspan="2">代理人姓名</td><td rowspan="2"></td><td>证件种类</td><td rowspan="2">电话</td><td rowspan="2"></td></tr>
<tr><td>证件号</td></tr>
<tr><td colspan="2">权利设定方式</td><td colspan="4"></td></tr>
<tr><td colspan="2">国民经济行业
分类代码</td><td colspan="4"></td></tr>
<tr><td colspan="2">预编宗地代码</td><td colspan="2"></td><td>宗地代码</td><td></td></tr>
<tr><td colspan="2">不动产代码</td><td colspan="4"></td></tr>
<tr><td colspan="2" rowspan="2">所在图幅号</td><td>比例尺</td><td colspan="3"></td></tr>
<tr><td>图幅号</td><td colspan="3"></td></tr>
<tr><td colspan="2" rowspan="4">宗地四至</td><td colspan="4">北：</td></tr>
<tr><td colspan="4">东：</td></tr>
<tr><td colspan="4">南：</td></tr>
<tr><td colspan="4">西：</td></tr>
<tr><td colspan="2">等级</td><td colspan="2"></td><td>价格（元）</td><td></td></tr>
<tr><td colspan="2" rowspan="2">批准用途</td><td colspan="2"></td><td rowspan="2">实际用途</td><td></td></tr>
<tr><td>地类编码</td><td></td><td>地类编码</td></tr>
<tr><td colspan="2" rowspan="2">批准面积（m^2）</td><td rowspan="2"></td><td rowspan="2">宗地面积
（m^2）</td><td rowspan="2"></td><td>建筑占地
总面积（m^2）</td></tr>
<tr><td>建筑总面积（m^2）</td></tr>
<tr><td colspan="2">土地使用期限</td><td colspan="4"></td></tr>
<tr><td colspan="2">共有/共用
权利人情况</td><td colspan="4"></td></tr>
<tr><td colspan="2">说明</td><td colspan="4"></td></tr>
</table>

界址标示表																		
界址点号	界标种类					界址间距（m）	界址线类别								界址线位置			说明
	钢钉	水泥桩	喷涂	无标志			连线	道路	沟渠	围墙	围栏	田埂			内	中	外	

（表格行数可调整，可附页）

界址签章表

界址线			邻宗地		本宗地	日期
起点号	中间点号	终点号	相邻宗地权利人（宗地代码）	指界人姓名（签章）	指界人姓名（签章）	

（表格行数可调整，可附页）

宗地草图

界址说明表	
界址点位说明	
主要权属界线 走向说明	

调查审核表	
权籍调查记事	调查员：　　日期：　　年　月　日
地籍测量记事	测量人：　　日期：　　年　月　日
地籍调查结果审核意见	审核人：　　日期：　　年　月　日

共有/共用宗地面积分摊表			
土地坐落			
宗地代码			
宗地面积(m^2)		定着物单元数	
定着物代码	土地所有权/使用权面积(m^2)	独有/独用土地面积(m^2)	分摊土地面积(m^2)
合计			
说明			

注：无共有/共用情况的无需填写此表。

填表说明

1. 不动产权籍调查表封面

(1)宗地代码：根据宗地代码编码要求填写。

(2)调查单位(机构)：记录负责承担本不动产单元调查任务的单位(机构)全称。

(3)调查时间：按照"××××年××月××日"的形式记载调查的日期。

2. 宗地基本信息表

(1)权利人。

①所有权：属于国家所有的，填写国家；属于集体所有的，填写×××农民集体。

②使用权：填写权利人的姓名或名称。权利人为自然人的，填写身份证件上的姓名；权利人为法人、其他组织的，填写身份证件上的法定名称。

③权利人类型：填写个人、企业、事业单位、国家机关、其他。无法归类为个人、企业、事业单位、国家机关的，填写其他。

④证件种类：填写权利人身份证件的种类。境内自然人一般为居民身份证，无居民身份证的，可以为户口簿、军官证等。法人或其他组织一般为组织机构代码证，无组织机构代码证的，可以为营业执照、事业单位法人证书、社会团体法人登记证书。港澳同胞的为港澳居民来往内地通行证或港澳同胞回乡证、居民身份证；台湾同胞的为台湾居民来往大陆通行证或其他有效旅行证件，在台湾地区居住的有效身份证件或经确认的身份证件；外籍人的身份证件为护照和中国政府主管机关签发的居留证件。

⑤证件号：填写身份证件上的编号。

⑥通信地址：填写权利人的通信地址及邮政编码。

(2)权利类型：填写具体的权利类型，包括集体土地所有权、国家土地所有权、国有建设用地使用权、宅基地使用权、集体建设用地使用权、土地承包经营权、林地使用权、草原使用权、水域滩涂养殖权等法律规定的权利。其中，土地承包经营权包括耕地、林地、草地、水域滩涂等承包经营权。

(3)权利性质：国有土地填写划拨、出让、作价出资(入股)、国有土地租赁、授权经营、家庭承包、其他方式承包等；集体土地填写家庭承包、其他方式承包、批准拨用、入股、联营等。土地所有权不填写。

(4)土地权属来源证明材料：填写土地权属来源证明材料的名称，有编号的还需填写编号。

(5)坐落：填写土地所在的具体地理位置。

(6)法定代表人或负责人姓名：为法人单位的填写法定代表人姓名、身份证号码和联系电话，为非法人单位的填写负责人相关信息。个人用地的不填。

(7)代理人姓名：填写代理人名称、身份证号码和联系电话。无代理的不填。

(8)权利设定方式：填写地上、地表、地下。集体土地所有权无需填写。

(9)国民经济行业分类代码：根据《国民经济行业分类》(GB/T 4754—2017/XG1—2019)大类标准，填写类别名称及编码。没有的不填。

(10)预编宗地代码：填写在外行业调查工作开始前，是根据基础图件资料预编的宗地代码。

(11)宗地代码：根据宗地代码的编码要求填写。

(12)不动产单元号：根据《不动产单元设定与代码编制规则》(GB/T 37346—2019)的编码要求填写。若宗地上有定着物，不填写此栏。

(13)所在图幅号。按下列方法填写：

①比例尺：填写 1:500、1:1 000、1:2 000、1:5 000、1:1万或 1:5万。

②图幅号：填写宗地所在对应比例尺地籍图的图幅号。破宗时，填写宗地各部分地块所在地籍图的图幅号。

(14)宗地四至：填写相邻宗地的土地使用权人、所有权人名称。与道路、河流等线状地物相邻的应填写地物名称；与空地、荒山、荒滩等未确定使用权的国有土地相邻的，应准确描述相应地物、地貌的名称，不得空项。

(15)等级：填写根据《城镇土地分等定级规程》(GB/T 18507—2014)、《农用地质量分等规程》(GB/T 28407—2012)或《农用地定级规程》(GB/T 28405—2012)等确定的土地等别或级别。

(16)价格：填写基准地价或标定地价。

(17)批准用途：填写土地权属来源材料或用地批准文件中经政府批准的土地用途，用汉字表示。地类编码按照《土地利用现状分类》(GB/T 21010—2017)填写至二级类，用阿拉伯数字表示。

(18)实际用途：填写经现场调查后按照《土地利用现状分类》(GB/T 21010—2017)二级类确定的宗地主要地类，用汉字表示。地类编码用阿拉伯数字表示。当涉及多种地类时，填写主要地类和代码，其他地类和代码在说明栏中进行填写。

(19)批准面积：填写经政府批准的宗地面积，不包括代征地、代管地的面积。

(20)宗地面积：填写经测量得到的宗地土地面积。此项由测绘单位在测量完成时提供，由调查人员填写，小数点后保留 2 位。

(21)建筑占地总面积：填写宗地内所有建筑物占地面积之和，小数点后保留 2 位。

(22)建筑总面积：填写宗地内建筑总面积，小数点后保留 2 位。

宗地内若有地下建筑物，地上建筑物与地下建筑物应分别填写建筑物总面积，用“/”作为分隔符。如“1000. 00/300. 00”，其中，“1000. 00”表示宗地地上建筑物总面积，“300. 00”表示宗地地下建筑物总面积。

(23)土地使用期限：有明确使用期限的，填写批准文件或者合同等确定的使用起止日期。如××××年××月××日起××××年××月××日止。宗地内有多用途、多种使用期限的，可以分用途填写使用期限。土地所有权等未明确权利期限的可以不填。

(24)共有/共用权利人情况：应全称填写共有/共用权利人的名称、权利人类型、证件种类、证件号、通信地址及共有/共用情况。无共有/共用情况的不填。当因权利人过多填写不下时，可根据申请书编号顺序填写第一个权利人名称，后面加“等×人”，将详细情况填写至共有/共用宗地面积分摊表。

(25)说明。可填写以下内容：

①填写土地权属来源证明材料的情况说明。

②日常地籍调查时，填写原土地权利人、土地坐落、宗地代码及变更主要原因等内容。

③对于集体土地所有权宗地，还可说明宗地被线状国有或其他农民集体土地分割的情况，需详细说明宗地代码及如何被分割。

④实际用途涉及多种地类时，须列举其他地类的信息。

(26)对面积较大、界线复杂的集体土地所有权宗地和国有建设用地使用权宗地，宜签订土地权属界线协议书并签字盖章。界址线有争议的土地，填写土地权属争议原由书并签字盖章。

3. 界址标示表

(1)界址点号：从宗地某界址点开始按顺时针编列，如1，2，…，23。

(2)界标种类：根据实际埋设的界标种类在相应位置画"√"。表中没有明示的界标种类，补充在"界标种类"栏空白格中，如"石灰桩"等。

(3)界址间距：按照《地籍调查规程》(TD/T 1001—2012)要求进行填写。

(4)界址线类别：根据界址线实际依附的地物和地貌在相应位置画"√"。表中没有明示的界址线类别，补充在"界址线类别"栏空白格中，如"山脊线""山谷线"等。

(5)界址线位置：界址线标的物自有、他有、共有的分别在"外"处画"√"、"内"处画"√"、"中"处画"√"；分别自有的在"外"处画"√"，并在"说明"栏中注明，如"各自有墙"或"双墙"。

4. 界址签章表

(1)界址线起点号、中间点号、终点号：例如，某条界址线的界址点包括1、2、3、4、5、24、25、6，起点号填1，终点号填6，中间点号填2、3、4、5、24、25。

(2)相邻宗地权利人(宗地代码)：填写相邻宗地权利人名称(或姓名)及相邻宗地的宗地代码。与道路、河流等线状地物及与空地、荒山、荒滩等未确定使用权的国有土地相邻的，参考"宗地四至"填写。宗地代码填写方法见前。

(3)指界人姓名(签章)：指界人签字、盖章或按手印。集体土地所有权调查时，应加盖集体土地所有权人印章。与未确定使用权的国有土地相邻时，邻宗地"指界人姓名(签章)"栏可不填写。

(4)日期：填写外业调查指界日期。

5. 宗地草图

1)一般规定

(1)经实地核查，宗地实际状况与原不动产权籍调查表中的宗地草图一致的，无需重新绘制宗地草图；否则，须重新绘制宗地草图。

(2)如果土地权属来源资料中没有不动产权籍调查表或没有宗地草图，应绘制宗地草图。

(3)宗地草图应现场绘制。

(4)可以利用正射影像图、地形图、土地利用现状图、地籍图等，依据实地丈量的界址边长、界址点与邻近地物的相关距离或条件距离绘制宗地草图。

(5)面积较大、界线复杂的集体土地所有权宗地和国有建设用地使用权宗地，可不绘制宗地草图,宜利用正射影像图、地形图、土地利用现状图、地籍图等绘制土地权属界线附图。

2)宗地草图的内容

(1)本宗地号、坐落地址、权利人。

(2)宗地界址点、界址点号及界址线,宗地内的主要地物。

(3)相邻宗地号、坐落地址、权利人或相邻地物。

(4)界址边长、界址点与邻近地物的距离。

(5)确定宗地界址点位置、界址边方位所必需的建筑物或构筑物。

(6)丈量者、丈量日期、检查者、检查日期、概略比例尺、指北针。

(7)宗地草图上标注的界址边长、界址点与邻近地物的相关距离和条件距离等应为实地调查丈量的结果。

3)绘制宗地草图的技术要求

(1)应选用适宜长期保存、使用的纸张绘制,也可直接在不动产权籍调查表上绘制,较大宗地可分幅绘制。

(2)宗地草图上标注的界址边长、界址点与邻近地物的相关距离和条件距离等应为实地调查丈量的结果。

(3)数字注记字头向北、向西书写,注记过密的地方可移位放大表示。

6. 界址说明表

如果界址标示表无法清楚说明全部或部分界址点线的情况,则需要填写此表对界址进行补充说明,填写要求如下。

(1)界址点位说明:利用工作底图和宗地草图,主要说明所依附标的物的类型及其位置(内、中、外),以及其与周围明显地物地貌的关系。如2号界址点位于两沟渠中心线的交点上,5号界址点位于××山顶最高处,3号界址点位于××工厂围墙西北角处,8号界址点位于农村道路与××公路交叉点中心,10号界址点位于××承包田西南角等。

(2)主要权属界线走向说明:说明权属界线的具体走向,以两个相邻界址点为一节,叙述界线所依附的标的物的状况及其与周围宗地和地物地貌的关系。例如1—2,由1沿××公路中央走向至2; 4—5,由4沿山脊线至5;9—10,由9沿××学校东侧围墙至10等。

7. 调查审核表

(1)权籍调查记事。

①现场核实申请书有关栏目填写是否正确,不正确的做更正说明。

②界线有纠纷时,要记录纠纷原因(含双方各自认定的界址),并尽可能提出处理意见。

③指界手续履行等情况。

④界址设置、边长丈量等技术方法、手段。

⑤说明确实无法丈量界址边长、界址点与邻近地物的相关距离和条件距离的原因。

(2)地籍测量记事。

①测量前界标检查情况。

②根据需要,记录测量界址点及其他要素的技术方法、仪器。

③遇到的问题及处理的方法。

④提出遗留问题的处理意见。

(3)地籍调查结果审核意见。

审核人对地籍调查结果进行全面审核,如无问题,即填写“合格”;如果发现调查结果有问题,应填写“不合格”,指明错误所在,提出处理意见。审核人签字或盖章确认。

8. 共有/共用宗地面积分摊表

(1)定着物单元数:表示同一宗地内所有的定着物单元数。

(2)定着物代码:根据《不动产单元设定与代码编制规则》(GB/T 37346—2019)的编码要求填写,只填写定着物代码,不需填写宗地代码。

(3)土地所有权/使用权面积:土地权利人在一宗地内所有/使用的土地面积。

(4)独有/独用土地面积:土地权利人在一宗地内独自所有/使用的土地面积。

(5)分摊土地面积:各土地权利人在共有/共用面积内分摊到的土地面积。

(6)合计:共有/共用宗地的所有权/使用权面积为独有/独用土地面积与分摊土地面积之和。共用一宗地,应做到不缺不漏,且所有不动产单元的所有权/使用权面积总和应等于该宗地面积。宗地内同一权利人有多个单元的,可合并填写。

(7)说明:针对共有情况,填写按份共有或共同共有。属于按份共有的,还要填写共有的份额。

附录 B

NO：____

指界通知书（存根）

______________：

根据农村集体土地确权登记发证工作的要求，现需对你个人（单位）使用的集体土地和相邻宗地的权属界线进行实地指认。请你（□本人/□单位法定代表人或负责人）或委托人到现场指界。请指界人携带有效身份证件于____年__月__日__午__时__分到现场共同确认权属界线。未按时参加又未委托他人出席指界的，作违约缺席指界处理。

集合地点：________________________________

__________自然资源局

（公　章）

年　月　日

送达情况：

本通知于____年__月__日__时__分在__________的地点送达。

其他情况：________________________________

送达人签字：　　　　　　　　　　签收人：

年　月　日

NO：____

指界通知书

_________________：

根据农村集体土地确权登记发证工作的要求，现需对你个人（单位）使用的集体土地和相邻宗地的权属界线进行实地指认。请你（□本人/□单位法定代表人或负责人）或委托人到现场指界。请指界人携带有效身份证件于____年__月__日__午__时__分到现场共同确认权属界线。未按时参加又未委托他人出席指界的，作违约缺席指界处理。

集合地点：__________________________

__________自然资源局

（公　章）

年　月　日

附录 C

指界委托书

______________局：

兹委托______________女士/先生（居民身份证号：__________________________）全权办理我（本人/单位）坐落在______________县（市、区）______________乡镇（街道）宅基地使用权（集体土地建设用地使用权）宗地现场指界事宜。其指界结果本人完全认可。

委托单位（人）签字（盖章）：

法定代表人（或负责人）签字：　　　　　　　　联系电话：

委托代理人签字：　　　　　　　　　　　　　　联系电话：

委托日期：　年　月　日

有效期：　（天）

附录 D

法定代表人(或负责人)身份证明书

______________女士/先生(身份证号:________________________________),在我单位任________职务,系我单位(□法定代表人/□负责人),特此证明。

单位名称:

(公　章)

年　　月　　日

附:

单位地址:

法定代表人(或负责人)住址:

法定代表人(或负责人)身份证号码:

联系电话:

四、注意事项

(1)不动产权籍调查表由封面、宗地基本信息表、界址标示表、界址签章表、宗地草图、界址说明表、调查审核表和共有/共用宗地面积分摊表等组成。

(2)不动产权籍调查表以宗地为单位填写,每宗地填写一份。所有宗地的地籍调查都应填写此表。

(3)不动产权籍调查表必须做到图表内容与实地一致,表达准确无误,字迹清晰整洁。

(4)表中填写的项目不得涂改,每一处只允许划改一次,划改符号用“\”表示,并在划改处由划改人员签字或盖章;全表划改不超过 2 处。

(5)表中各栏目应填写齐全,不得空项。确属不填的栏目,使用“/”符号填充。

(6)文字内容一律使用蓝、黑钢笔或黑色签字笔填写,不得使用谐音字、国家未批准的简化字或缩写名称。

(7)项目栏的内容填写不下时可另加附页。宗地草图可以附贴。凡附页和附贴,应加盖相关主管部门印章。

五、实训成果

不动产权籍调查表。

六、成绩考核

(1)自我评价与组员互评。

自我评价与组员互评

项目名称					
实训场地		组别姓名		班级学号	
序号	考核项	分值	实训要求	自我评定	备注
1	实训态度、思想意识	20	实训态度认真,思想意识高		
2	实训纪律	10	遵守实训纪律,服从老师、组长管理		
3	团队协作	10	团队协作能力强,配合其他组员完成任务		
4	调查表填写完整性	10	调查表填写完整		
5	调查表填写准确性	10	按填表要求划改		
6	调查表填写整洁、工整	5	字迹工整、整洁		
7	宗地草图绘制的准确性、整洁性、美观性	10	符合相关规范要求		
8	实训内容完成时间	5	按时完成各实训内容		
9	实训安全情况	5	实训安全无事故		
10	实训报告编写情况	10	内容齐全,语言通顺流畅,次序合理,书写整洁美观,语言尽量简洁、精练		
11	分析问题和解决问题的能力	5	分析和解决实训问题能力强		
实训总结与反思:					
组长评价:__________　小组其他同学评价:__________					

(2)教师评价。

实训指导教师评价

项目名称					
实训场地		组别姓名		班级学号	
序号	考核项	分值	实训要求	考核评定	备注
1	实训态度、思想意识	20	实训态度认真,思想意识高		
2	实训纪律	10	遵守实训纪律,服从老师、组长管理		
3	团队协作	10	团队协作能力强,配合其他组员完成任务		
4	调查表填写完整性	10	调查表填写完整		
5	调查表填写准确性	10	按填表要求划改		
6	调查表填写整洁、工整	5	字迹工整、整洁		
7	宗地草图绘制的准确性、整洁性、美观性	10	符合相关规范要求		
8	实训内容完成时间	5	按时完成各实训内容		
9	实训安全情况	5	实训安全无事故		
10	实训报告编写情况	10	内容齐全,语言通顺流畅,次序合理,书写整洁美观,语言尽量简洁、精练		
11	分析问题和解决问题的能力	5	分析和解决实训问题能力强		
存在问题:					
指导教师:____________			评价时间:________年____月____日		

注:成绩考核项目不限于以上分类,可根据实训内容删减、增补。

任务二　土地利用现状调查

一、目的与要求

(1)通过本次实训,使学生对土地利用现状调查的工作内容和实施过程有清楚的认识和了解。

(2)通过调查底图的制作,使学生掌握 ARCGIS 软件进行内业信息提取的工作流程和方法技巧。

(3)通过外业调查,使学生掌握土地利用现状外业调查的工作方法及调查信息记录表的填写。

(4)掌握如何根据外业调查内容利用 ARCGIS 软件对内业信息进行修改。

二、实训准备

遥感影像、ARCGIS 软件、调查信息记录表、外业调查图板、记录笔、相机。

三、步骤与方法

(一)调查底图制作

1. 正射影像图制作

农村土地利用现状调查全面采用优于 1 m 分辨率遥感影像资料制作 DOM。城镇内部土地利用现状调查原则上采用优于 0.2 m 分辨率的航空遥感影像资料制作正射影像图,开展城镇村庄内部土地利用现状调查。

2. 调查信息提取及调查底图制作

利用 ARCGIS 软件在最新 DOM 的基础上结合国土调查数据库套合,叠加自然资源管理数据及其他相关自然资源专业调查数据,进行各地类预判和内业图斑边界勾绘,生成图斑预编号、权属单位名称等国土调查记录表规定的图斑基本信息,制作调查底图。

3. 地类图斑勾绘要求

1)调查图斑的最小调查上图面积按地类划分

建设用地相关地类和设施农用地实地面积超过 200 m^2 的需调查上图;农用地(不含设施农用地)相关地类实地面积超过 400 m^2 的需调查上图;其他地类实地面积超过 600 m^2 的需调查上图,荒漠地区可适当减低精度,但不得低于 1 500 m^2。

2)地类编码

按照最新《土地利用现状分类》(GB/T 21010—2017)标准,并充分考虑每种类型的影像识别能力,内业信息提取图斑类型分为 6 个一级类、11 个二级类及 6 个标注类。

(1)6 个一级类及地类代码,具体内容如下:

01 类:耕地。数据库为非耕地类型,影像特征为耕地。

02 类:园地。数据库为非园地类型,影像特征为园地。

03 类:林地。数据库为非林地类型,影像特征为林地。

04 类:草地。数据库为非草地类型,影像特征为草地。

12 类:盐碱地、沙地、裸土地、裸岩石砾地。数据库为非盐碱地、沙地、裸土地、裸岩石砾地,影像特征为盐碱地、沙地、裸土地、裸岩石砾地。

20 类:数据库为非建设用地,影像为明确的固定建(构)筑物,如住宅、企业、商服仓储、机关单位、公共服务、农村居民点、风景名胜及特殊用地等。

(2)11 个二级类及地类代码,具体内容如下:

1001 类:铁路用地。数据库为非建设用地,影像特征为铁路用地。

1002 类:轨道交通用地。数据库为非建设用地,影像特征为轨道交通用地。

1003 类:公路用地。数据库为非建设用地,影像特征为路面超过 8 m 的公路用地。

1007 类:机场用地。数据库为非建设用地,影像特征为机场用地。

1008 类:港口码头用地。数据库为非建设用地,影像特征为港口码头用地。

1009 类:管道运输用地。数据库为非建设用地,影像特征为管道运输用地。

1101 类:河流水面。数据库为非水域水面类,影像特征为河流水面。

1105 类:沿海滩涂。数据库为非滩涂用地,影像特征为沿海滩涂。

1106 类:内陆滩涂。数据库为非滩涂用地,影像特征为内陆滩涂。

1107 类:沟渠。数据库为非水域水面类,影像特征为沟渠。

1109 类:水工建筑用地。数据库为非建设用地,影像特征为水工建筑用地。

(3)6 个标注类及标注代码,具体内容如下:

建筑(JZ)类:数据库为非建设用地,影像特征为不能明确判定为 20 类即固定建(构)筑物的其他简易建(构)筑物,如临时工棚、设施农用地等。

硬化地表(YH)类:数据库为非建设用地,影像特征为硬化地表。

高尔夫(GEF)类:数据库为非建设用地,影像特征为高尔夫球场。

采矿用地(CK)类:数据库为非建设用地,影像特征为明显采矿推土作业面、简易临时工棚、矿区范围内的建(构)筑物等明显采矿用地特征,整体提取时为“CK”。

数据库为采矿用地(204),影像上具有一定的采矿作业面、简易临时工棚、建(构)筑物砖厂及矿区附带的采矿堆渣、堆砖、堆土等,可认为与数据库一致,保持原地类不提取。

水面(SM)类:数据库为非水域类型,影像特征为湖泊、水库水面、坑塘水面。

动土(DT)类:数据库为非建设用地,影像特征为明显在建特征的动土,例如,有大量车辙痕迹、有工棚、明显开挖在建痕迹等;数据库为建设用地,影像特征只要表现为一定的动土特征,可以不是明显的在建动土特征。例如,只表现为地表裸露、推土、堆土、堆渣等。

(4)复合地类。指耕园林草无法准确判定为单一地类时,采用复合地类。原则上复合地类不跨地类编码,而选择“耕园林草地”相邻的两个地类编码,即 01/02,02/03,03/04。

(二)外业调查

1. 外业调查工作内容

外业调查工作内容:认定地类、判定边界范围、地物补测、记录权属和种植属性等信息。

2. 外业调查

外业调查由调查人员独立进行，携带标注有调查信息的工作底图，采用综合调绘法，对内业判读成果进行外业调查，对变化图斑和权属界线进行补充调查，调查过程中记录相关图斑的边界、地类与权属变化情况。

1）合理规划调查路线

外业调查开始前，调查人员首先对内业提供的数据进行初步的检查，大致了解调查区域的地形，科学规划调查路线，避免或减少走重复路，加快工作进度。

2）城镇村庄范围线核实

调查城镇村庄周边的林地、空闲地等，确认林地下面是否有建（构）筑物，核实城镇村庄的范围，对错误的地方进行修正。

3）城镇内部调查

城镇内部调查需全面核实，要走到、看到每条街巷，核实每个图斑的位置、地类、范围是否与实地保持一致。

4）村庄内部调查

对村庄内部内业提取的不清楚图斑，以及商服用地、特殊用地、设施农用地等不属于潜力调查范围的非住宅用地地类图斑进行实地核实。该项调查与村庄整治潜力调查同步进行。

5）城镇村庄外部调查

对城镇村庄外部的地类图斑进行核实，确认其图斑范围、地类是否与实地相符。

6）权属补充调查

外业调查过程中，对内业解译过程中发现的权属问题进行补充权籍调查，先了解权属问题出现的原因，按照外业调查计划，通知权属界线的各方负责人，按约定时间到达指界现场，由各方负责人现场指界，调查人员在工作底图上勾绘出权属界线的位置，并填写权属问题处理记录表，由双方签字认可。

7）其他调查

（1）耕地种植属性调查。

（2）工业用地细化调查。

（3）内业提取不清楚图斑核实。

（4）养殖坑塘、广场用地调查。

8）调查信息记录

在外业调查过程中，逐图斑核实地类、边界是否与实地保持一致，并在工作底图或调查信息记录表上记录相关信息。

填表说明

第1列“行政代码”，填写行政区划代码。

第2列“图斑预编号”，填写外业调查时图斑的临时编号，可直接填写国家内业提取的图斑编号。外业调查时若对预编号图斑进行分割或补测新增调查图斑，则在原预编号图斑下方插入行，填写新增图斑调查信息。

调查信息记录表

图斑基本信息								外业调查信息					耕地信息		其他信息		备注
行政代码	图斑预编号	图斑编号	权属单位名称	权属性质	地类编码	预判地类	图斑面积	外业地类	图斑边界	权属变化	图斑标注	外业记录	耕地类型	耕地细化标注	城镇村标识	线性图斑宽度	
1	2	3	4	5	6	7	8	9	10	11	12	13	14	15	16	17	18
草图栏																	

第 3 列“图斑编号”，填写数据库建成后图斑编号，可能与图斑预编号不一致，编号统一以行政村为单位，对地类图斑按从左到右、自上而下从“1”顺序编号。

第 4 列“权属单位名称”，填写原土地数据库图斑权属单位名称。

第 5 列“权属性质”，填写原数据库图斑属性性质。

第 6 列“地类编码”，填写原土地调查数据库图斑地类编码。

第 7 列“预判地类”，填写国家内业提取地类编码或地方自主内业判读地类编码。

第 8 列“图斑面积”，填写外业调查时图斑的面积，单位为亩（1 亩 = 1/15 hm^2），保留 2 位小数。

第 9 列“外业地类”，填写外业调查时认定的图斑地类编码。

第 10 列“图斑边界”，填写外业调查时图斑边界调绘情况，图斑边界不变填写“BB”，图斑边界变化见调绘草图填写“CT”，图斑边界变化见高精度补测数据填写“BC”，图斑分割或新增图斑填写“XZ”。

第 11 列“权属变化”，填写外业调查时实地属性变化信息，实地权属单位名称及权属性质不变填写“BB”，实地权属信息有变化直接填写变化后的“权属单位名称+权属性质”。

第 12 列“图斑标注”，填写图斑标注代码。

第 13 列“外业记录”，填写外业调查及咨询情况。

第 14 列“耕地类型”，仅填写梯田耕地，梯田填写“TT”，耕地为坡地的不填写。

第 15 列“耕地细化标注”，河道内或滩涂上耕地填写“HDGD”，湖区或滩涂上耕地填写“HQGD”，牧区内的耕地填写“MQGD”，林区内的耕地填写“LQGD”，荒漠化沙化耕地填写“SHGD”等细化调查属性。

第 16 列“城镇村标识”，对城市、建制镇、村庄范围内的地类图斑，相应标注 201、202、203 属性，城镇村外部的采矿用地、盐田和特殊用地标注 204 或 205 属性。

第 17 列“线性图斑宽度”，填写线性图斑实地丈量平均宽度，单位为米，保留 1 位小数。

第 18 列“备注”，记录图斑其他地类性质需要备注的内容，如是飞地，在此栏填写“飞地”。

草图栏，当图斑边界发生变化时，应绘制图斑变化边界的草图，标记图斑编号，变化边界草图也绘制在外业调查底图上。

3. 外业补测

按实地现状调查，对影像未能反映的新增地物应进行补测。补测主要采用仪器补测法和简易补测法，为了提高调查的效率和成果精度，有条件的地区采用卫星定位仪器补测法，无条件的地区可采用简易补测法。补测平面位置精度要求为补测地物点相对邻近明显地物点距离的中误差：平地、丘陵地不得大于 2.5 m，山地不得大于 3.75 m，最大误差不超过 2 倍中误差。

外业补测的常用方法：

(1) 边界补测法：遇到实地新增地物，且行走方便的情况下，通过 CORS 高精度定位对实际现场地物进行边界补测。

(2) 极坐标法：待测地物点不方便到达时，可通过定位得到已知点，再通过平板中外业调查软件测出定位点到待测点距离，测出与正北方向夹角，计算出待测点坐标。

(3) 前方交会法：待测地物点不方便到达时，可通过前方交会法，得到已知两个定位点位置，再通过平板中外业调查软件的角度量测测出两个内角，计算出待测点坐标。

(4) 直角边法：待测地物形状为矩形，且边界不方便补测时，可通过定位系统得到两个已知点，得到一个边长，再通过直角边补测生成矩形面。

（三）内业补充修改

根据外业调查的结果，利用 ARCGIS 软件对内业图斑进行补充修改。

四、注意事项

(1) 外业调查要求：三到（走到、看到、问到），全面如实记录。

(2) 在外业调查过程中，每日要穿行于农田内，作业员应时刻注意保护农作物，不得车辆碾压和人员践踏作物。

(3) 在建筑区内作业时，注意群众房屋建筑的保护，不得有损坏房屋、围墙等行为的发生。

(4) 作业员在电力线附近作业时要注意防触电。

(5) 作业员在作业时注意自身安全，在道路上作业时穿反光警示背心，在建筑工地上作业时戴安全帽，在水塘边和河流边作业时穿救生衣，树立标尺杆时注意高空高压线，做到“一慢、二看、三通过”。

(6) 内业信息严格按照最新的规范要求进行提取。

五、实训成果

内业信息提取成果图。

六、成绩考核

(1)自我评价与组员互评。

自我评价与组员互评

项目名称					
实训场地		组别姓名		班级学号	
序号	考核项	分值	实训要求	自我评定	备注
1	实训态度、思想意识	20	实训态度认真,思想意识高		
2	实训纪律	10	遵守实训纪律,服从老师、组长管理		
3	团队协作	10	团队协作能力强,配合其他组员完成任务		
4	内业图斑提取准确性	10	按技术要求提取图斑		
5	内业图斑提取完成情况	10	按要求完成图斑提取		
6	外业调查记录情况	5	按规范记录		
7	外业调查图斑完成情况	10	按要求完成外业图斑调查		
8	实训内容完成时间	5	按时完成各实训内容		
9	实训安全情况	5	实训安全无事故		
10	实训报告编写情况	10	内容齐全,语言通顺流畅,次序合理,书写整洁美观,语言尽量简洁、精练		
11	分析问题和解决问题的能力	5	分析和解决实训问题能力强		
实训总结与反思:					
组长评价:__________ 小组其他同学评价:______________________________					

(2)教师评价。

实训指导教师评价

项目名称					
实训场地		组别姓名		班级学号	
序号	考核项	分值	实训要求	考核评定	备注
1	实训态度、思想意识	20	实训态度认真,思想意识高		
2	实训纪律	10	遵守实训纪律,服从老师、组长管理		
3	团队协作	10	团队协作能力强,配合其他组员完成任务		
4	内业图斑提取准确性	10	按技术要求提取图斑		
5	内业图斑提取完成情况	10	按要求完成图斑提取		
6	外业调查记录情况	5	按规范记录		
7	外业调查图斑完成情况	10	按要求完成外业图斑调查		
8	实训内容完成时间	5	按时完成各实训内容		
9	实训安全情况	5	实训安全无事故		
10	实训报告编写情况	10	内容齐全,语言通顺流畅,次序合理,书写整洁美观,语言尽量简洁、精练		
11	分析问题和解决问题的能力	5	分析和解决实训问题能力强		
存在问题:					
指导教师:____________			评价时间:_____年____月____日		

注:成绩考核项目不限于以上分类,可根据实训内容删减、增补。

任务三　房屋调查

一、目的与要求

（1）通过本次实训，使学生对房屋调查的工作内容和实施过程有清楚的认识和了解。

（2）通过房屋调查表的填写，使学生熟悉和掌握外业调查表中各项的含义和填写方法。

（3）根据某权属单元具体案例，学生能独立完成房屋调查表的填写。

二、实训准备

调查底图、房屋调查表、记录笔。

三、步骤与方法

（一）定着物单元的划分

（1）在使用权宗地内，应将房屋、林木等定着物划分为不同的定着物单元。定着物为房屋等建筑物、构筑物的，按以下情形划分定着物单元：

①同一权利人拥有的独幢房屋宜划分为一个定着物单元。

②具有多个权利人的一幢房屋，应按照界线固定，且具有独立使用价值的幢、层、套、间等封闭空间划分定着物单元。

③同一权利人拥有多套（层、间等）界线固定且具有独立使用价值的房屋，每套（层、间等）房屋宜各自划分定着物单元。

④同一权利人（如行政机关、企事业单位等）拥有的两幢或两幢以上的房屋可共同组成一个定着物单元。

（2）定着物为森林、林木的，按以下情形划分定着物单元：

①权属界线封闭、独立成片的森林、林木可划分一个定着物单元。

②属于同一权利人的多片森林、林木可共同组成一个定着物单元。

（3）定着物为其他类型的，按以下情形划分定着物单元：

①每个定着物可各自单独划分一个定着物单元。

②属于同一权利人全部同类定着物（如水塔、烟囱等）可组成一个定着物单元。

（二）不动产单元设定

（1）集体土地所有权宗地应设定不动产单元。

（2）无定着物的使用权宗地应设为一个不动产单元。

（3）有定着物的使用权宗地，宗地（宗海）内的每个定着物单元与该宗地应设为一个不动产单元。

(三)不动产单元编码

1. 代码结构

按照每个不动产单元应具有唯一代码的基本要求,不动产单元代码采用七层 28 位层次码结构,由宗地代码与定着物代码构成。

(1)宗地代码为五层 19 位层次码,按层次分别表示县级行政区划、地籍区、地籍子区、宗地(宗海)特征码、宗地(宗海)顺序号,其中宗地特征码和宗地顺序号组成宗地号。

(2)定着物代码为二层 9 位层次码,按层次分别表示定着物特征码、定着物单元编号。

(3)不动产单元代码结构如下所示:

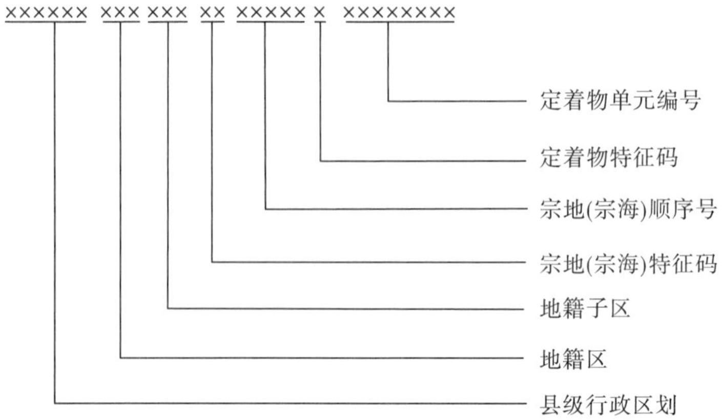

2. 编码方法

(1)第一层次为县级行政区划,代码为 6 位,为行政区划代码。

(2)第二层次为地籍区,代码为 3 位,码值为 000~999。

(3)第三层次为地籍子区,代码为 3 位,码值为 000~999。

(4)第四层次为宗地(宗海)特征码,代码为 2 位。其中:

①第 1 位用 G、J、Z 表示。"G"表示国家土地所有权,"J"表示集体土地所有权,"Z"表示土地所有权未确定或有争议。

②第 2 位用 A、B、S、X、C、D、E、F、G、H、W、Y 表示。"A"表示集体土地所有权宗地;"B"表示建设用地使用权宗地(地表);"S"表示建设用地使用权宗地(地上);"X"表示建设用地使用权宗地(地下);"C"表示宅基地使用权宗地;"D"表示土地承包经营权宗地(耕地);"E"表示土地承包经营权宗地(林地);"F"表示土地承包经营权宗地(草地);"G"表示使用权无居民海岛;"H"表示海域使用权宗海;"W"表示使用权未确定或有争议的土地(海域);"Y"表示其他使用权土地(海域),用于宗地(宗海)特征扩展。

(5)第五层次为宗地(宗海)顺序号,代码为 5 位,码值为 00001~99999,在相应的宗地特征码后顺序编号。

(6)第六层次为定着物特征码,代码为 1 位,用 F、L、Q、W 表示。"F"表示房屋等建筑物、构筑物,"L"表示森林或林木,"Q"表示其他类型的定着物,"W"表示无定着物。

(7)第七层次为定着物单元编号,代码为8位。

①定着物为房屋的,定着物单元在使用权宗地内应具有唯一编号。前4位表示房屋的幢号,房屋幢号在使用权宗地(或地籍子区)内统一编号,码值为0001~9999;后4位表示房屋的户号,房屋户号在每幢房屋内统一编号,码值为0001~9999。

②定着物为森林、林木的,定着物单元在使用权宗地内应具有唯一的编号,码值为00000001~99999999。

③其他的定着物,定着物单元在使用权宗地内应具有唯一的编号,码值为00000001~99999999。

④使用权宗地内无定着物的,定着物单元编号用"00000000"表示。

3. 代码表示方法

不动产单元代码采用分段表示,具体方法如下:

(1)第一段表示县级行政区划代码。

(2)第二段表示地籍区与地籍子区。

(3)第三段表示宗地(宗海)号,由宗地(宗海)特征码和宗地(宗海)顺序号共同组成。

(4)第四段表示定着物代码,由定着物特征码和定着物单元编号共同组成。

(5)不动产单元代码在表示时,段与段之间可用全角字符"空格"进行分隔,"空格"不占用不动产单元代码的位数。

(四)房屋调查

1. 房屋调查主要内容

房屋坐落、产权人(户主姓名)、产别、用途、层数、层次、建筑结构、建成年份、墙体归属、他项权利等基本情况。行政境界与地理名称调查按原地籍图表示为准。需现场填写调查表,内业对调查的内容作整理后,输入计算机进行登记,并与房产测绘成果一起入库。

2. 房屋调查具体要求

1)房屋坐落

房屋坐落的调查应按民政部门(地名办)编制的门牌号为准,以"幢"为单元分户进行,具体到×××村×××(自然村),有门牌号的具体到门牌号。

2)房屋产权人

农村集体土地上的房屋,以"批件证照"上记载的权利人或身份证为准,即房屋产权人一般为户主姓名。房屋产权若是共有,除继承的外则应注明全体共有人姓名。房屋使用人与权利人不一致的,调查时填写使用人名字,备注原权利人姓名。

3)房屋产别

房屋产别是指房屋的产权性质,按国家标准《房产测量规范》(GB/T 17986.1—2000)附录A中A4"房屋产别分类"规定的标准划分,填入二级分类代码。

4)房屋的用途

房屋用途是指房屋的实际用途,按《房产测量规范》(GB/T 17986.1—2000)附录A中A6执行。针对本次农房调查,应按照批件证照和实际用途相结合的方法,主要分为住宅、商业、办公、工业和其他五大类,一幢房屋有两种以上用途的,应分别调查注明。

5)产权来源

调查房屋产权人取得房屋产权的时间及方式,如继承、买受、交换、自建、翻建、拨用等。

6)房屋总层数和所在层次

房屋层数是指房屋的自然层数,按室内地坪±0 以上计算,所在层次自下而上用自然数表示。房屋总层数为房屋地上自然层数与地下层数之和。

夹层、插层、阁楼、装饰性塔楼等,以及突出屋面的楼梯间、电梯机房、水箱间等不计层数。

斜面结构屋的坡形屋层高达到 2. 20 m 以上的部分占整个顶层中层面建筑面积的 2/3 以上时,该层计入房屋自然层数。

农村部分房屋前后层数不一致的,按主出入口所在层开始计算层次。

7)房屋建筑结构

钢混结构:框架式结构的大楼、商厦或其他坚固建筑,一般在 7 层或 7 层以上。

混合结构:承重结构主要是由钢筋混凝土建造的,一般 2~6 层。

砖木结构:承重结构主要是由砖、无钢筋混凝土的砖房屋,一般在 2 层或 2 层以下,单层的砖房屋居多。

其他结构:之前的老式房子,承重墙为土木。

8)房屋建成年份

房屋的建成年份是指房屋实际竣工年份。拆除后翻建的,应以翻建竣工年份为准,一幢房屋有两种以上建成年份的,应分别注明。

9)房屋墙体归属

房屋墙体归属是指房屋墙体所有权的归属,应注明自有墙、共有墙和借墙三类。

通过实地勘测、调查来确定墙界,如果产权人与邻户共用一堵墙,此墙称为共有墙,以墙中为界;如果产权人与邻户各自建墙连在一起,此墙称为各有己墙,以自家墙外边为界;如果产权人是靠邻户的墙建房,则此墙称为借墙,以墙内边为界,此墙也为邻户的自有墙。

10)附加说明

在调查中,对产权不清或有争议的,以及设有典当权、抵押权等他项权利的,应做出记录。

11)房屋权界线示意图

不绘制。

(五)房屋调查表的填写

附录 A

农村房屋不动产登记
房屋调查表

县级行政区划名称：

县级行政区划代码：

地籍区：

地籍子区：

宗地号：

定着物代码：

不动产单元代码：

调查单位：　　　　　　　　　　　　　不动产登记机构：

（公章）：　　　　　　　　　　　　　　（公章）：

调查员（签名）：

调查日期：　　　　　年　　　月　　　日

<table>
<tr><td>房屋坐落</td><td colspan="11"></td><td>邮政编码</td><td colspan="4"></td></tr>
<tr><td rowspan="2">房屋所有权人</td><td colspan="7" rowspan="2"></td><td colspan="2">证件种类</td><td colspan="7"></td></tr>
<tr><td colspan="2">证件号</td><td colspan="7"></td></tr>
<tr><td>住址</td><td colspan="5"></td><td colspan="2">电话</td><td colspan="2"></td><td rowspan="4">共有情况</td><td></td><td></td><td colspan="2"></td><td colspan="2"></td></tr>
<tr><td>权利人性质</td><td colspan="5"></td><td colspan="2">项目名称</td><td colspan="2"></td><td></td><td></td><td colspan="2"></td><td colspan="2"></td></tr>
<tr><td>房屋性质</td><td colspan="5"></td><td colspan="2">产别</td><td colspan="2"></td><td></td><td></td><td colspan="2"></td><td colspan="2"></td></tr>
<tr><td>用途</td><td colspan="5"></td><td colspan="2">规划用途</td><td colspan="2"></td><td></td><td></td><td colspan="2"></td><td colspan="2"></td></tr>
<tr><td rowspan="7">房屋状况</td><td rowspan="2">幢号</td><td rowspan="2">户号</td><td rowspan="2">总套数</td><td rowspan="2">总层数</td><td rowspan="2">房屋结构</td><td rowspan="2">所在层</td><td rowspan="2">竣工时间</td><td rowspan="2">占地面积（m^2）</td><td rowspan="2">建筑面积（m^2）</td><td rowspan="2">专有建筑面积（m^2）</td><td rowspan="2">分摊建筑面积（m^2）</td><td rowspan="2">产权来源</td><td colspan="4">墙体归属</td></tr>
<tr><td>东</td><td>南</td><td>西</td><td>北</td></tr>
<tr><td></td><td></td><td></td><td></td><td></td><td></td><td></td><td></td><td></td><td></td><td></td><td></td><td></td><td></td><td></td><td></td></tr>
<tr><td></td><td></td><td></td><td></td><td></td><td></td><td></td><td></td><td></td><td></td><td></td><td></td><td></td><td></td><td></td><td></td></tr>
<tr><td></td><td></td><td></td><td></td><td></td><td></td><td></td><td></td><td></td><td></td><td></td><td></td><td></td><td></td><td></td><td></td></tr>
<tr><td></td><td></td><td></td><td></td><td></td><td></td><td></td><td></td><td></td><td></td><td></td><td></td><td></td><td></td><td></td><td></td></tr>
<tr><td></td><td></td><td></td><td></td><td></td><td></td><td></td><td></td><td></td><td></td><td></td><td></td><td></td><td></td><td></td><td></td></tr>
<tr><td rowspan="2">房屋权界线示意图</td><td colspan="10" rowspan="2"></td><td>附加说明</td><td colspan="5"></td></tr>
<tr><td>调查意见</td><td colspan="5"></td></tr>
</table>

房屋平面图,可附页

填表说明

房屋基本信息调查表的填写：

（1）县级行政区划名称或代码：填写房屋所在县级行政区划的名称或代码。

（2）地籍区、地籍子区：根据《不动产单元设定与代码编制规则》（GB/T 37346—2019）的划分要求填写。

（3）宗地号、定着物代码：根据《不动产单元设定与代码编制规则》（GB/T 37346—2019）的编码要求填写。

（4）不动产单元代码：根据《不动产单元设定与代码编制规则》（GB/T 37346—2019）的编码要求填写。

（5）房屋坐落：填写有关部门依法确定的房屋坐落，一般包括街道名称、门牌号、幢号、楼层号、房号等。

（6）邮政编码：填写该县（区）的邮政编码。

（7）房屋所有权人：填写权利人的姓名或名称，权利人为自然人的，填写身份证件上的姓名；权利人为法人、其他组织的，填写身份证明上的法定名称。

（8）证件种类：填写权利人身份证件的种类。境内自然人一般为居民身份证，无居民身份证的，可以为户口簿、军官证等。法人或其他组织一般为组织机构代码证，无组织机构代码证的，可以为营业执照、事业单位法人证书、社会团体法人登记证书。港澳同胞的为港澳居民来往内地通行证或港澳同胞回乡证、居民身份证；台湾同胞的为台湾居民来往大陆通行证或其他有效旅行证件，在台湾地区居住的有效身份证件或经确认的身份证件；外籍人的身份证件为护照和中国政府主管机关签发的居留证件。

（9）证件号：填写身份证件上的编号。

（10）电话、住址：填写房屋所有权人的电话号码和现住地的详细地址。

（11）权利人性质：填写个人、企业、事业单位、国家机关、其他。无法归类为个人、企业、事业单位、国家机关的，填写其他。

（12）共有情况：填写单独所有、按份共有或共同共有。属于按份共有的，还要填写共有的份额。

（13）项目名称：按幢填写项目名称。

（14）房屋性质：填写商品房、房改房、经济适用住房、廉租住房、共有产权住房、自建房等。

（15）产别：根据产权占有不同而划分的类别。按两级分类调记，具体分类标准按《房产测量规范》（GB/T 17986.1—2000）“房屋产别分类”执行。

（16）用途：指房屋的实际用途。具体分类标准按《房产测量规范》（GB/T 17986.1—2000）“房屋用途分类”执行。一幢房屋有两种以上用途的，应分别注明。

（17）规划用途：填写建设工程规划许可文件及其所附图件上确定的房屋用途。

（18）房屋状况：按幢分别填写幢号、户号、总套数、总层数、所在层、房屋结构、竣工时间、占地面积、建筑面积、专有建筑面积、分摊建筑面积、产权来源及墙体归属等信息。

幢号：按照《不动产单元设定与代码编制规则》（GB/T 37346—2019）中的要求编制和填写。

户号:按照《房屋代码编码标准》(JGJ/T 246—2012)中的要求编制和填写。

总层数:总层数为房屋地上层数与地下层数之和。假层、附层(夹层)、插层、阁楼(暗楼)、装饰性塔楼,以及突出屋面的楼梯间、水箱间不计层数。

所在层:是指本权属单元的房屋在该幢楼房中的第几层。地下层以负数表示。

房屋结构:分为钢结构、钢和钢筋混凝土结构、钢筋混凝土结构、混合结构、砖木结构、其他结构等六类。

竣工时间:是指房屋实际竣工年份。拆除翻建的,应以翻建竣工年份为准。一幢房屋有两种以上竣工时间,应分别注明。

占地面积:特指房屋地表底层外围水平投影面积,包括地表底层的阳台、柱廊、门廊、室外楼梯等水平投影面积。

建筑面积:指房屋外墙(柱)勒脚以上各层的外围水平投影面积,包括阳台、挑廊、地下室、室外楼梯等,且具备有上盖,结构牢固,层高 2. 20 m 以上(含 2. 20 m)的永久性建筑。

专有建筑面积:填写区分所有的建筑物权利人专有部分建筑面积。

分摊建筑面积:填写区分所有的建筑物权利人分摊的共有部分建筑面积。

产权来源:指产权人取得房屋产权的时间和方式,如继承、析产、买受、受赠、交换、自建、翻建、征用、收购、调拨、价拨、拨用等。产权来源有两种以上的,应全部注明。

墙体归属:指房屋四面墙体所有权的归属,分别注明自有墙、共有墙和借墙等三类。

(19)房屋权界线示意图:是以权属单元为单位绘制的略图,表示房屋及其相关位置、权界线、共有共用房屋权界线,以及与邻户相连墙体的归属,并注记房屋边长。对有争议的权界线应标注部位。房屋权界线是指房屋权属范围的界线,包括共有共用房屋的权界线,以产权人的指界与邻户认证来确定,对有争议的权界线,应做相应记录。

(20)附加说明:在调查中对产权不清或有争议的,以及设有典当权、抵押权等他项权利的,应做出记录。

四、注意事项

(1)房屋调查表必须做到图表内容与实地一致,表达准确无误,字迹清晰整洁。

(2)表中填写的项目不得涂改,每一处只允许划改一次,划改符号用“\”表示,并在划改处由划改人员签字或盖章;全表划改不超过 2 处。

(3)表中各栏目应填写齐全,不得空项。确属不填的栏目,使用“/”符号填充。

(4)文字内容一律使用蓝黑钢笔或黑色签字笔填写,不得使用谐音字、国家未批准的简化字或缩写名称。

(5)项目栏的内容填写不下的可另加附页。

五、实训成果

房屋调查表。

六、成绩考核

(1)自我评价与组员互评。

自我评价与组员互评

项目名称					
实训场地		组别姓名		班级学号	
序号	考核项	分值	实训要求	自我评定	备注
1	实训态度、思想意识	20	实训态度认真,思想意识高		
2	实训纪律	10	遵守实训纪律,服从老师、组长管理		
3	团队协作	10	团队协作能力强,配合其他组员完成任务		
4	调查表填写完整性	10	调查表填写完整		
5	调查表填写准确性	10	按填表要求划改		
6	调查表填写整洁、工整	5	字迹工整、整洁		
7	房屋平面图绘制的准确性、整洁性、美观性	10	符合相关规范要求		
8	实训内容完成时间	5	按时完成各实训内容		
9	实训安全情况	5	实训安全无事故		
10	实训报告编写情况	10	内容齐全,语言通顺流畅,次序合理,书写整洁美观,语言尽量简洁、精练		
11	分析问题和解决问题的能力	5	分析和解决实训问题能力强		
实训总结与反思:					
组长评价:________ 小组其他同学评价:________					

(2)教师评价。

实训指导教师评价

项目名称					
实训场地		组别姓名		班级学号	
序号	考核项	分值	实训要求	考核评定	备注
1	实训态度、思想意识	20	实训态度认真,思想意识高		
2	实训纪律	10	遵守实训纪律,服从老师、组长管理		
3	团队协作	10	团队协作能力强,配合其他组员完成任务		
4	调查表填写完整性	10	调查表填写完整		
5	调查表填写准确性	10	按填表要求划改		
6	调查表填写整洁、工整	5	字迹工整、整洁		
7	房屋平面图绘制的准确性、整洁性、美观性	10	符合相关规范要求		
8	实训内容完成时间	5	按时完成各实训内容		
9	实训安全情况	5	实训安全无事故		
10	实训报告编写情况	10	内容齐全,语言通顺流畅,次序合理,书写整洁美观,语言尽量简洁、精练		
11	分析问题和解决问题的能力	5	分析和解决实训问题能力强		
存在问题:					
指导教师:____________			评价时间:______年____月____日		

注:成绩考核项目不限于以上分类,可根据实训内容删减、增补。

【思政小课堂】

2014年8月15日,《不动产登记暂行条例(征求意见稿)》公开征求意见,备受关注的不动产登记制度终于迈出了实质性步伐。开展不动产统一登记工作是推进国家治理体系和治理能力现代化的必然要求,是市场经济发展和市场化改革的必然选择,是全面深化改革的重要基础,这项工作对于完整保护不动产权利人合法财产权,保障不动产交易安全,推进简政放权、提高政府治理效率和水平,方便企业、方便群众,尤其是对进一步健全归属清晰、责权明确、保护严格、流转顺畅的现代产权制度都具有重要意义。

2017年10月16日,根据《中华人民共和国土地管理法》《土地调查条例》有关规定,国务院决定自2017年起开展第三次全国国土调查。国土调查是一项重大的国情国力调查,是查实查清土地资源的重要手段。做好第三次全国国土调查工作,掌握真实准确的土地基础数据,是推进国家治理体系和治理能力现代化、促进经济社会全面协调可持续发展的客观要求;是加快推进生态文明建设、夯实自然资源调查基础和推进统一确权登记的重要举措;是编制国民经济和社会发展规划、加强宏观调控、推进科学决策的重要依据;是实施创新驱动发展战略、支撑新产业新业态发展、提高政府依法行政能力和国土资源管理服务水平的迫切需要;是落实最严格的耕地保护制度和最严格的节约用地制度、保障国家粮食安全和社会稳定、维护农民合法权益的重要内容;是科学规划、合理利用、有效保护国土资源的基本前提。

《不动产登记暂行条例(征求意见稿)》和《中华人民共和国土地管理法》《土地调查条例》等都是国家的政策方针。通过政策方针的了解,同学们能认识到不动产登记的重大意义和土地调查的重大意义,认识到自己所拥有的合法权益和应尽的义务。土地作为我们的生存之本,应该合理地去规划利用,不能肆意地破坏土地的性质,应该积极拥护和支持国家的政策方针。将来作为一名不动产工作方面的专业技术人员,学生更应认识到其本身工作的重要性和意义,从思想上提升自己。学校更应该督促学生在平时的学习中熟练掌握相关的专业知识、技术要求和标准,努力地学习和踏实地工作,为积极推进国家的建设和发展贡献力量。

项目二　不动产要素测量

【项目说明】

本项目主要介绍了利用极坐标法进行界址点测量的方法及界址点精度检核的方法。本项目按照实际作业要求安排教学内容,包括极坐标法界址点测量中的水平角观测、计算,距离观测、计算,界址点坐标计算,界址点点位精度检核,界址点间距误差计算等几个部分。通过本项目的学习,使学生能够掌握极坐标法界址点测量的具体方法、步骤,掌握解析界址点精度检核的方法和要求。

【项目任务】

任务一　界址点测量。

任务二　界址点精度检核。

【项目成果】

1. 极坐标法界址点观测记录手簿。
2. 界址点坐标计算表。
3. 解析界址点点位精度检查记录表。
4. 界址点间距误差记录表。

任务一　界址点测量

一、目的与要求

(1)熟练掌握极坐标法界址点测量的方法和过程。

(2)能够独立进行极坐标法界址点测量的外业实施。

二、实训准备

全站仪一套、觇标(棱镜)两套、记录手簿、铅笔、夹板等。

三、步骤与方法

解析法测量界址点的方法有极坐标法、距离交会法、方向交会法、截距法、直角坐标法和卫星定位动态测量等方法。目前,生产实践单位最常用的,也是精度最高的一种方法是极坐标法。本次实训以极坐标法界址点测量为例,采用 2″级全站仪,其中水平角观测一测回,距离观测一测回。

(一)水平角观测

如图 2-1-1 所示,设 O 为测站点,A 为定向点,P 为待定点。

(1)安置仪器。选择 O 点作为测站点,架设仪器(包括气压、温度和棱镜常数的设置),选择 A 点作为定向点,架设觇标。

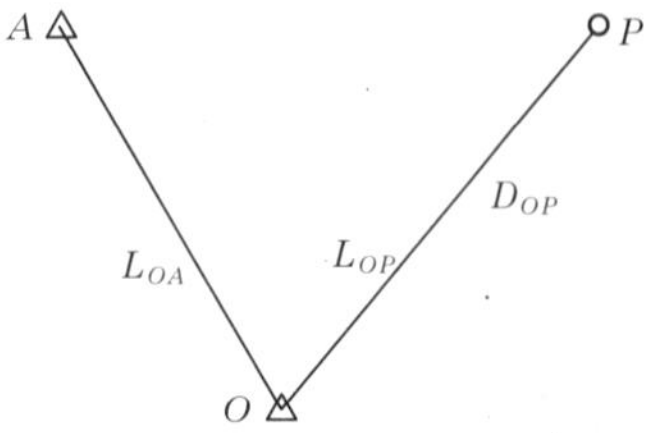

图 2-1-1

(2)盘左位置。顺时针转动照准部照准定向点 A,消除视差,转动水平微动螺旋精确照准 A 方向并置零,读取水平度盘读数,记录于表 2-1-1 水平角观测(1)处。

(3)松开水平和竖直制动螺旋,顺时针转动照准部对准待定点 P 后制动,用水平微动螺旋精确照准待定点 P 并读数,记录于表 2-1-1 水平角观测(2)处。以上操作称为上半测回。

(4)纵转望远镜变为盘右位置,顺时针转动照准部照准 P 方向并读数,记于表 2-1-1 水平角观测(3)处。

(5)逆时针转动照准部,照准 A 方向并读数,记于表 2-1-1 水平角观测(4)处。以上操作称为下半测回。

(6)上、下两个半测回合称一个测回,水平角观测完毕。

(二)水平角观测数据计算

上半测回的两个方向值均各自减去表 2-1-1 水平角观测(1)处的方向值,表 2-1-1 水平角观测数据计算如下:

(5)=(1)-(1)

(6)=(2)-(1)

(7)=(3)-(4)

(8)处同第(5)处

(9)$=\frac{1}{2}$[(6)+(7)]

注意:(6)和(7)之差为上、下半测回较差,要求上、下半测回较差不大于 13″。

(三)距离观测和数据计算

(1)全站仪仍按水平角观测步骤(1)的位置架设在 O 点,盘左位置照准目标待定点 P,按距离测量键测取平距 D_{OP1},记于表 2-1-1 距离观测(1)处。

(2)重复上述步骤(1),再读取 3 次平距测量结果:D_{OP2}、D_{OP3}、D_{OP4},分别记录于表 2-1-1 距离观测(2)、(3)、(4)处,距离观测一测回观测完毕。

(3)平距计算,$D_{OP}=\frac{1}{4}$[(1)+(2)+(3)+(4)]。

注意:各次平距测量之间较差要求不大于 5 cm。

(四)界址点坐标计算

利用式(2-1-1)计算待定点 $P(x_P, y_P)$,并将求得的坐标依次填入表 2-1-2 中。

$$\begin{cases} x_P = x_O + D_{OP} \cdot \cos\alpha_{OP} \\ y_P = y_O + D_{OP} \cdot \sin\alpha_{OP} \end{cases} \tag{2-1-1}$$

式中　x_O, y_O——测站点 O 的坐标;

α_{OP}——OP 边的坐标方位角,$\alpha_{OP}=\alpha_{AO}+(L_{OP}-L_{OA})-180°$;

L_{OP} ——待定点 P 的方向值；

L_{OA} ——定向点 A 的方向值。

表 2-1-1 极坐标法界址点观测记录手簿(样表)

测站:______ 仪器高(m):________ 观测者:________ 记录者:__________

观测日期:________年____月____日____时____分 仪器型号与编号:____________

水平角观测:

测回	目标点	观测读数 盘左 (° ′ ″)	观测读数 盘右 (° ′ ″)	半测回方向 (° ′ ″)	一测回方向 (° ′ ″)	各测回方向 (° ′ ″)	备注
Ⅰ	A	(1)	(4)	(5)	(8)		
	P	(2)	(3)	(6)	(9)		
				(7)			

距离观测:

测站至觇点	平距读数 读数Ⅰ(m)	平距读数 读数Ⅱ(m)	平距读数 读数Ⅲ(m)	平距读数 读数Ⅳ(m)	平距读数 中数(m)	备注
O—A	(1)	(2)	(3)	(4)	(5)	

表 2-1-2　界址点坐标计算表（样表）

测站	觇点	待定点	$L_{OP}-L_{OA}$ (° ′ ″)	观测边 (m)	坐标方位角 (° ′ ″)	坐标增量(m)		界址点坐标(m)	
						ΔX	ΔY	X	Y

注：解析界址点坐标取位至 0.001 m。

四、注意事项

(1)仪器高度要和观测者的身高相适应；三脚架要踩实，仪器与脚架连接要牢固，操作仪器时不要手扶三脚架，走动时要防止碰动脚架。操作仪器要轻、稳、准，要有节奏、果断。使用各种螺旋时用力要适当，不可过猛、过大。

(2)对中要认真、仔细，特别是对于短边观测水平角，对中要求应更严格。观测员读数后，记录员要复诵一遍，观测员没有提出疑问后方可记入手簿中。

(3)当观测目标间高低相差较大时，更需注意仪器整平。

(4)有阳光照射时，要打伞遮光观测；一测回观测过程中，不得再调整照准部管水准器气泡；若在一测回观测中，气泡偏离中心超过 1 格，应重新整平仪器、重新观测本测回；在成像不清晰的情况下，要停止观测。

(5)读记错误的度、分值，必须在现场更改，读记错误的秒值不许改动，应重新观测。

(6)一切原始观测值和记事项目，必须在现场用钢笔或铅笔直接记录在正式外业手簿中，字迹要清楚、整齐、美观，不得涂改、擦改、重笔、转抄。手簿中各记事项目的每一测站或每一观测时间段的首末页都必须记载清楚、填写齐全。

(7)需重测的方向或需重测的测回可用从左上角至右下角的斜线划去。凡划改的数字或划去的不合格成果，均应在附注栏内注明原因。需重测的方向或测回，应注明其重测结果所在页数。废站也应整齐划去并注明原因。补测或重测结果不得记录在测错的手簿页数之前页面上。凡更改错误，均应将错误数字、文字用横线整齐划去，在其上方写出正确数字或文字。原错误数字或文字应仍能看清，以便检查。

(8)不允许连环更改，否则均应重测。如同一方向盘左、盘右、半测回方向值三者同时更改两个相关数字，即为连环涂改。

(9)凡超出限差规定的成果，均应进行重测。

五、实训成果

(1)极坐标法界址点观测记录手簿。

(2)界址点坐标计算表。

六、成绩考核

(1)自我评价与组员互评。

自我评价与组员互评

项目名称					
实训场地		组别姓名		班级学号	
序号	考核项	分值	实训要求	自我评定	备注
1	实训态度、思想意识	20	实训态度认真,思想意识高		
2	实训纪律	10	遵守实训纪律,服从老师、组长管理		
3	团队协作	5	团队协作能力强,配合其他组员完成任务		
4	外业观测精确度	15	成果精度符合限差要求		
5	记录计算准确性与整洁性	10	记录规范、完整,计算准确		
6	内业计算成果的准确性与整洁性	10	内业计算规范、完整、整洁,计算准确		
7	实训内容完成情况	10	独立完成各实训内容		
8	实训内容完成时间	5	按时完成各实训内容		
9	实训安全情况	10	实训安全无事故		
10	分析问题和解决问题的能力	5	分析和解决实训问题能力强		
实训总结与反思:					
组长评价:__________ 小组其他同学评价:____________________					

(2)教师评价。

实训指导教师评价

项目名称					
实训场地		组别姓名		班级学号	
序号	考核项	分值	实训要求	考核评定	备注
1	实训态度、思想意识	20	实训态度认真,思想意识高		
2	实训纪律	10	遵守实训纪律,服从老师、组长管理		
3	团队协作	5	团队协作能力强,配合其他组员完成任务		
4	外业观测精确度	15	成果精度符合限差要求		
5	记录计算准确性与整洁性	10	记录规范、完整,计算准确		
6	内业计算成果的准确性与整洁性	10	内业计算规范、完整、整洁,计算准确		
7	实训内容完成情况	10	独立完成各实训内容		
8	实训内容完成时间	5	按时完成各实训内容		
9	实训安全情况	10	实训安全无事故		
10	分析问题和解决问题的能力	5	分析和解决实训问题能力强		
存在问题:					
指导教师:__________				评价时间:____年___月___日	

任务二　界址点精度检核

一、目的与要求

(1)熟练掌握解析界址点精度检核的方法。

(2)熟练掌握解析界址点点位精度检查记录表的填写。

(3)熟练掌握界址点间距误差表的填写。

二、仪器与器材

全站仪一套、觇标(棱镜)两套、钢尺或者测距仪、记录手簿、铅笔、夹板。

三、步骤与方法

界址点精度检核,一般从点位精度和间距误差两方面进行检查和评定,最终形成解析界址点点位精度检查记录表和界址点间距误差记录表。

(一)解析界址点点位误差检查与精度评定

解析界址点点位误差检查必须野外进行,尽量以与原测站不同的已知点为依据,利用高精度或同精度方法重新施测原解析界址点数量不低于5%进行比较,并计算中误差。

(1)实训指导教师提供校园已知控制点若干(满足各个小组使用),已知解析界址点20个(可以根据实际情况进行增减)作为检测界址点。

(2)利用已知资料将地籍子区号、宗地号、界址点号、原测坐标填入表2-2-1中。

(3)利用本项目任务一中极坐标法界址点测量的方法进行各个界址点的观测、记录和计算,将计算所得检测坐标结果对应填入表2-2-1中。

(4)利用表2-2-1中原测坐标、检测坐标和计算式2-2-1,计算出各个解析界址点的坐标较差ΔX、ΔY和各个解析界址点的中误差Δ。

(5)利用式(2-2-2)或者式(2-2-3),计算出解析界址点的点位中误差,并填入表2-2-1中。

注意:①界址点按街坊编号时,宗地号可不填。

②表2-2-1中较差:

$$\Delta = \sqrt{\Delta X^2 + \Delta Y^2} \tag{2-2-1}$$

③高精度方法检测时,检测值可视为真值,界址点点位中误差计算式为:

$$m = \sqrt{\frac{\sum \Delta^2}{n}} \tag{2-2-2}$$

④同精度方法检测时,界址点点位中误差计算式为:

$$m = \sqrt{\frac{\sum \Delta^2}{2n}} \tag{2-2-3}$$

表 2-2-1　解析界址点点位精度检查记录表（样表）

仪器设备：　　　　所在测区：　　　　图幅号：　　　　检查日期：

地籍子区号	宗地号	界址点号	原测坐标		检测坐标		坐标较差（cm）		中误差 Δ（cm）	备注
			X	Y	X	Y	ΔX	ΔY		
检查结果	解析界址点点位中误差（cm）＝									

检查者：　　　　计算者：　　　　检核者：

⑤允许误差为 2 倍中误差。

⑥实地界址点设定不正确的比例超过 5%的评定为不合格。

⑦界址点点位中误差或误差大于 2 倍中误差的个数超过 5%的评定为不合格。

(二)界址点间距误差检查

界址点间距误差检查通常采用原解析界址点反算边长与实地检测距离不低于 5%以上的数据相比较,并计算中误差。

(1)实训指导教师提供不动产图,并在图上标注需要检查的位置,提供界址点间距 20 条(可以根据实际情况进行增减)作为检测界址点间距。

(2)根据解析反算边长将地籍子区号、宗地号、界址点号、原测距离填入表 2-2-2 中。

(3)利用本项目钢尺或者测距仪进行各个比较距离的观测、记录和计算,将计算所得比较距离结果均对应填入表 2-2-2 中。

(4)利用表 2-2-2 中原测距离、比较距离,计算出各个距离较差 d 和 d^2。

(5)利用式(2-2-4)计算出界址点间距中误差,并填入表 2-2-2 中。

(本部分数据案例内容详见二维码视频)

表 2-2-2 界址点间距误差记录表(样表)

地籍子区号	宗地号	界址点号		原测距离(m)	比较距离(m)	较差 d(cm)	d^2
检查结果		$[dd]=\sum d^2$			中误差 $m=\pm$		

检 查 者: 年 月 日

注：①一般情况下，均视原测距离与比较距离是同精度的。检查 n 条边时，间距中误差为：

$$m = \pm \sqrt{\frac{\sum d^2}{2n}} \tag{2-2-4}$$

②要求 m 不超过±5 cm，隐蔽地区 m 不超过±7.5 cm。

四、注意事项

(1)检查界址点和界址点间距的个数，是按照一定比例选取的，一般不低于总数的5%。

(2)允许误差为2倍中误差。

五、实训成果

(1)解析界址点点位精度检查记录表。

(2)界址点间距误差记录表。

六、成绩考核

(1)自我评价与组员互评。

自我评价与组员互评

项目名称					
实训场地		组别姓名		班级学号	
序号	考核项	分值	实训要求	自我评定	备注
1	实训态度、思想意识	20	实训态度认真,思想意识高		
2	实训纪律	10	遵守实训纪律,服从老师、组长管理		
3	团队协作	5	团队协作能力强,配合其他组员完成任务		
4	外业观测精确度	15	成果精度符合限差要求		
5	记录计算准确性与整洁性	10	记录规范、完整,计算准确		
6	内业计算成果的准确性与整洁性	10	内业计算规范、完整、整洁,计算准确		
7	实训内容完成情况	10	独立完成各实训内容		
8	实训内容完成时间	5	按时完成各实训内容		
9	实训安全情况	10	实训安全无事故		
10	分析问题和解决问题的能力	5	分析和解决实训问题能力强		
实训总结与反思:					
组长评价:__________　小组其他同学评价:__________					

(2)教师评价。

实训指导教师评价

项目名称					
实训场地		组别姓名		班级学号	
序号	考核项	分值	实训要求	考核评定	备注
1	实训态度、思想意识	20	实训态度认真,思想意识高		
2	实训纪律	10	遵守实训纪律,服从老师、组长管理		
3	团队协作	5	团队协作能力强,配合其他组员完成任务		
4	外业观测精确度	15	成果精度符合限差要求		
5	记录计算准确性与整洁性	10	记录规范、完整,计算准确		
6	内业计算成果的准确性与整洁性	10	内业计算规范、完整、整洁,计算准确		
7	实训内容完成情况	10	独立完成各实训内容		
8	实训内容完成时间	5	按时完成各实训内容		
9	实训安全情况	10	实训安全无事故		
10	分析问题和解决问题的能力	5	分析和解决实训问题能力强		
存在问题:					
指导教师:______________				评价时间:______年___月___日	

【思政小课堂】

保证界址点精度的重要意义

不动产测量是为满足权属调查中对确定宗地的权属、界线位置、形状、数量等不动产要素的水平投影需要而进行的一种专业测量。其主要任务是根据权属调查依法认定的权属界址和使用性状，实地测量每宗土地的权属界址点及其他不动产要素的平面位置。

界址点是权属界址线上的特征点。由此可知，房屋及其用地的范围、位置是由界址点来确定的。同时，通过界址点坐标可以获得房地产数量，通过界址点的等级可以了解房地产的质量。因此，界址点及其成果是房地产测量信息中一个重要的组成部分。

保证了不动产测量中界址点的精度，不仅能更好地保证土地的经济价值，保护使用者的合法权益；还能为满足我国经济社会发展和国土资源管理等相关工作提供真实可靠的土地基础数据。

项目三　不动产图测绘

【项目说明】

不动产图包括地籍图、海籍图及不动产单元图等，其中不动产单元图主要包括宗地图、宗海图和房产分丘图、房产分层分户图(房产平面图)等。本项目包含地籍图测绘、宗地图测制两个任务，主要介绍地籍图测绘和宗地图测制方面的知识，按照地籍图测绘和宗地图测制的作业流程安排实训任务，包括地籍图表示内容讲解、外业数据采集、数据通信、图形绘制、图形整饰、图形输出，宗地图的生成、编绘、输出等内容。通过本项目实训任务的学习，使学生能够独立完成不动产图测绘和宗地图测制。

【项目任务】

任务一　地籍图测绘。

任务二　宗地图测制。

【项目成果】

1. 测图数据原始文件。
2. 数字地籍图。
3. 数字宗地图。

任务一　地籍图测绘

一、目的与要求

(1)熟练掌握地籍图外业测量的内容。

(2)熟练掌握地籍图测绘和整饰的方法。

(3)能够独立完成不动产图测绘。

二、仪器与器材

全站仪一套、觇标一套、棱镜杆若干、棱镜若干、钢卷尺一把、铅笔、图纸、夹板、计算机等。

三、步骤与方法

目前根据使用仪器和方法的不同，地籍图测绘的主要方法有全野外数字测图、航空摄影测量法、数字化成图。全野外数字测图是利用全站仪、GNSS 接收机等在野外采集各种点位信息、图形信息，通过通信接口与计算机连接，由测图软件自动处理获得不动产图的方法。目前，使用最多、精度最高的是利用全站仪进行全野外数字测图的方法。本任务将以利用全站仪进行全野外数字成图为例讲解地籍图的测制流程。

(一)地籍图表示内容讲解

地籍图的内容包括行政区划要素、地籍要素、地形要素、地物要素、数学要素和图廓要素。

1. 行政区划要素

(1)行政区划要素主要指行政界线和行政区名称。

(2)不同等级的行政界线相重合时,应遵循高级覆盖低级的原则,只表示高级行政区界线。行政区界线在拐角处不得间断,应在转角处绘出点或线。行政级别从高到低依次为省级界线、市级界线、县级界线、乡级界线。

(3)地籍图上不注记行政区代码和邮政编码。

2. 地籍要素

(1)地籍要素包括地籍区界线、地籍子区界线、土地权属界址线、界址点、地籍区号、地籍子区号、宗地号(含土地权属类型代码和宗地顺序号)、地类代码、土地权利人名称等。

(2)界址线与行政区界线相重合时,只表示行政区界线,同时在行政区界线上标注土地权属界址点,行政区界线在拐角处不得间断,应在转角处绘出点或线。当界址线与地形地物要素重合时,要突出显示界址线。

(3)地籍区、地籍子区界线叠置于省级界线、市级界线、县级界线、乡级界线和土地权属界线之下。叠置后其界线仍清晰可见。

(4)地籍图上,宅基地和集体土地建设用地宗地号及其地类代码用分式的形式标注在宗地内,分子注宗地号,分母注地类代码。宗地面积太小注记不下时,允许移注在空白处并以指示线标明。

(5)按照标准分幅编制地籍图时,若地籍区、地籍子区、宗地被图幅分割,其相应的编号应分别在各图幅内按照规定注记。如分割的面积太小注记不下,可移注在空白处并以指示线标明。

(6)地籍图上应注记集体土地使用权人名称、单位名称。个人用地的土地使用权人名称一般不需要注记。还应在内外图廓线之间、行政区界线与内图廓线的交会处的两边注记地籍区和地籍子区编号。

(7)地籍图上地籍区、地籍子区界线用紫色线性区域表示,界址线、界址点用红色表示,其他用黑色。

3. 地形要素

(1)界址线依附的地形要素(地物、地貌)应表示,不可省略。

(2)主要的地形要素包括建筑物、道路、水系、地理名称等,注记表示方法按照《国家基本比例尺地图图式　第1部分 1:500 1:1 000 1:2 000 地形图图式》(GB/T 20257.1—2017)执行。

(3)可根据需要表示地貌,如等高线、高程注记、悬崖、斜坡、独立山头等。

4. 地物要素

1)建筑物、构筑物

(1)实地面积大于等于6 m^2 的固定建筑物、构筑物,用相应符号表示其位置和占地情况。

(2)固定的永久性建筑物要测绘其占地状况,在建筑物右上角用分数形式标注层数和结构,如12/2,分子为层数,分母为建筑物结构代码(见表3-1-1)。同一栋建筑物,层数不同的应分别标注。层高低于2.20 m的不作为一层。

表3-1-1 建筑物结构分类及其代码

结构分类	钢结构	钢和钢筋混凝土	钢筋混凝土	混合结构	砖木结构	其他结构
缩写	钢	钢、钢混	钢混	混合	砖木	其他
代码	1	2	3	4	5	6

(3)实地占地面积大于等于6 m^2 的台阶、有柱雨篷、花坛、花池等应表示,不落地的阳台、雨篷用虚线表示。

(4)建筑物外围小于50 cm×50 cm的装饰性细部(如墙面外砖柱)可舍去。

(5)室外落地的扶梯、楼梯等允许包括在建筑内,不落地的可舍去。

(6)建筑群内井式建筑中面积大于等于6 m^2 的天井或院子须表示。

(7)非永久性建筑物、构筑物不表示。

(8)城墙及垣栅应表示。

2)道路

(1)道路以两旁宗地界址线为界。道牙石线是界址线的要表示,不是界址线的酌情表示;通过城镇的铁路用相应符号表示。

(2)道路中间或两边的小绿地、小花池、花坛、行树,当面积较大或与界线相关时表示。

(3)道路附属物、里程碑、筑路牌可不表示。

(4)桥梁、大型涵洞、隧道用相应符号表示,且须符合投影原理。

(5)地下道路、架空道路用相应符号表示。

3)水系

(1)河流、湖泊、沟渠、坑塘等以堤、岸为界绘出,有界址线的标明界址线和界址点;堤面高出地面0.5 m以上的,视情况用堤岸符号表示。

(2)河流中线为界址线时,按实际河流中心标绘。

(3)地下河流、地下排水沟不表示。

4)地貌

(1)地籍图上不用等高线表示地貌。

(2)山区、丘陵区须表示大面积斜坡、陡坎、路堑、路堤、台阶路时,可适当注记台地、低地、道路交叉口、大面积农地等处的散点高程。

5)地类界

(1)宗地内部除建筑物外的较大面积的绿化地、水面等也应实地测绘,并按相应图式表示。

(2)根据不同土地利用类型,按照沟、渠、路、堤等线状地物,划分为若干个地块。当地类界线弯曲过多时,在保持地类界线特征的前提下,可适当综合取舍图上最小地块。

6)土壤植被

(1)各宗地外大面积绿化地、街心花园、公园等用相应土壤、植被符号表示。

(2)宗地内的绿地、花坛、零星植被可不表示。

7)其他

(1)一般电力线不表示,但 110 kV 以上的高压线及塔位应表示。

(2)通信线、架空管线、电杆、路灯、消防栓、窨井等一般不表示,但与土地他项权利有关时应表示。

(3)地下室一般不表示,但与土地他项权利有关的大面积地下商场、地下停车场等应表示。

(4)宗地内部的次要道路、水塔、纪念碑及与权属界址无关的围墙可不表示,危险品仓库、保密车间应注记。

(5)农贸市场内的摊位、临时售货棚不表示。

5. 数学要素

数学要素包括内外图廓线、内图廓点坐标、坐标格网线、控制点、比例尺、坐标系统等。

6. 图廓要素

图廓要素包括分幅索引、密级、图名、图号、制作单位、测图时间、测图方法、图式版本、测量员、制图员、检查员等。

(二)地籍图外业数据采集

利用全站仪对地籍图要素进行采集,其中外业采集的要素主要包括行政区划要素、地籍要素、地形要素。

(1)安置仪器:如图 3-1-1 所示,选择 O 点作为测站点,在 O 点架设仪器,进行仪器安置。

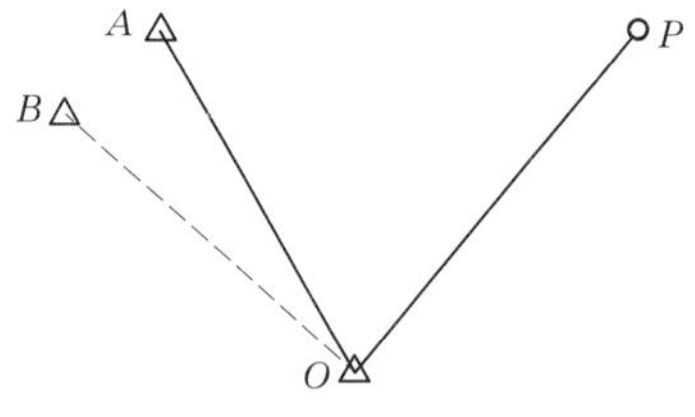

图 3-1-1　全站仪坐标法外业采集示意图

(2)建立"坐标文件":用来保存测量数据,具体操作为:打开全站仪开关键,点击 Menu 键进入数据采集模式,建立"坐标文件"。

(3)测站点输入:输入测站点点号和坐标。

(4)后视定向:需要先进行后视点设置,输入后视点点号和坐标,将棱镜杆移至 A 点进行后视定向,要求定向误差不大于 1 cm。

(5)定向检查:把棱镜杆移至 B 点,在全站仪上设置前视点观测,将前视点点名设置为 B 点,测定 B 点坐标。定向检查误差要求不大于 2 cm。定向误差合限,方可进行下一步；否则查找原因，重新定向。

（6）要素测量：把棱镜杆从 B 点移至待测点 P，在全站仪上把点名设置为 P 点，进行观测、记录，并绘制草图。就这样，依次将测站点周围能够看到的要素点一一测定出来。

（7）待测站点周围能够测量的要素点全部测定完成后，再进行迁站，然后重复（3）、（4）、（5）、（6）步，直到全部所需要素测量完毕。

（三）数据传输

外业数据采集完毕后，将全站仪中的数据通过数据线传输到电脑上，进行保存和绘图。

（四）图形绘制

1. 定显示区

在 CASS9.1 系统中选择“绘图处理\定显示区”，弹出“输入坐标数据文件名”界面，在相应路径下找到外业采集的碎部点坐标数据文件名，选择该文件后点击“打开”即可。

2. 改变当前测图比例尺

系统默认的测图比例尺为 1:500，实际绘图时可根据作业比例修改，具体比例尺可根据《地籍调查规程》（TD/T 1001—2012）进行选择。

3. 展野外测点点号

选择“绘图处理\展野外测点点号”，系统提示输入要展出的坐标数据文件名，输入后数据文件中所有点以注记点号形式展现在屏幕上。

4. 地籍图的内容绘制

根据外业草图上绘制的地物要素类别，利用绘图工具进行行政区划要素、地籍要素、地形要素绘制。

（五）图形整饰和图形输出

（1）对地籍图进行数学要素、图廓要素的添加，按照地籍图整饰标准要求对所有要素进行整饰，最终生成标准图幅。

（2）根据实际需要，进行“打印机\绘图仪”“图纸尺寸”“打印区域”“打印比例图形打印方向和位置”的设置，完成后进行打印。图 3-1-2 为农村地籍图（样图）。

四、注意事项

（1）作业前应做好准备工作，检查全站仪电池电量是否充足。

（2）在外业采集数据的同时，一定要用草图或笔记记录绘图信息。草图的绘制要遵循清晰、易读、相对位置准确、比例尽可能一致的原则。

（3）坐标文件名称一般用自己小组名字的大写字母加当天日期来命名。

（4）定向检查非常重要，定向完成后，必须找第三个已知控制点进行检查。

（5）在进行外业地籍图测量时，用草图或笔记记录绘图信息。草图的绘制要遵循清晰、易读、相对位置准确、比例尽可能一致的原则。

（6）传输数据时，注意查看全站仪的通信端口是否正确。

（7）传输数据时，注意修改相关参数，全站仪上的参数和 CASS 中的参数要一一对应。

（8）捕捉对象时，应该放大图形，以便准确捕捉到目标点。

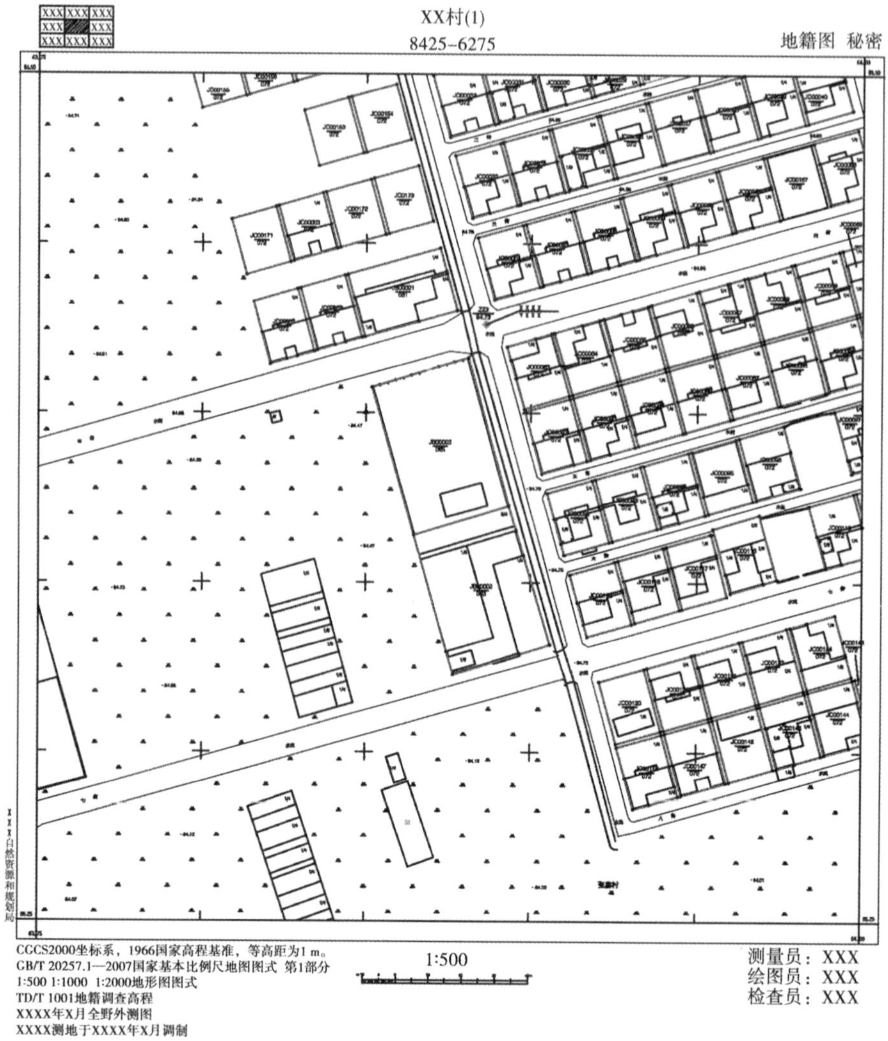

图 3-1-2　农村地籍图(样图)

(9)在绘制图形时,要养成时刻保存图形的习惯,以免造成不必要的损失。

(10)检查图形符号是否符合图式规范要求时,要逐一进行检查、修改,防止遗漏。

(11)在打印出图时,一定要注意各项参数的正确选择。

五、实训成果

(1)测图数据原始文件(样例数据见本任务二维码)。

(2)数字地籍图(数字地籍图样例见本任务二维码)。

任务二　宗地图测制

一、目的与要求

(1)熟练掌握宗地图表示内容。

(2)熟练掌握宗地图的测制方法。

二、实训准备

计算机、数字地籍图一份(本项目任务一的成果)。

三、步骤与方法

(一)宗地图的测制要求讲解

(1)以地籍图为基础编绘宗地图。

(2)比例尺和幅面应根据宗地的大小和形状确定,比例尺分母以整百数为宜。

(3)宗地图的主要内容如下:

①宗地代码、所在图幅号、土地权利人、宗地面积。

②地类号、房屋的幢号。其中幢号用(1)、(2)、(3)…表示,并标注在房屋轮廓线内的左下角。

③本宗地界址点、界址点号、界址线、界址边长、门牌号码。其中,门牌号码标注在宗地的大门处。

④用加粗黑线表示建筑物区分所有权专有部分所在房屋的轮廓线。如果宗地内的建筑物不存在区分所有权专有部分,则不表示。

⑤宗地内的图斑界线、建筑物、构筑物及宗地外紧靠界址点线的定着物、邻宗地的宗地号及相邻宗地间的界址分隔线。

⑥相邻宗地权利人名称、道路、街巷名称。

⑦指北方向、比例尺、界址点测量方法、制图者、制图日期、审核者、审核日期、不动产登记机构。

(二)生成宗地图

以本项目任务一整饰完成的地籍图为基础,根据宗地的大小和形状确定宗地图比例尺和幅面,利用CASS9.1菜单命令生成宗地图。

(三)宗地图的编绘和输出

根据宗地图整饰要求进行宗地图的整饰和修改,最终按照本项目任务一的出图步骤进行。图3-2-1为宅基地宗地图(样图)。

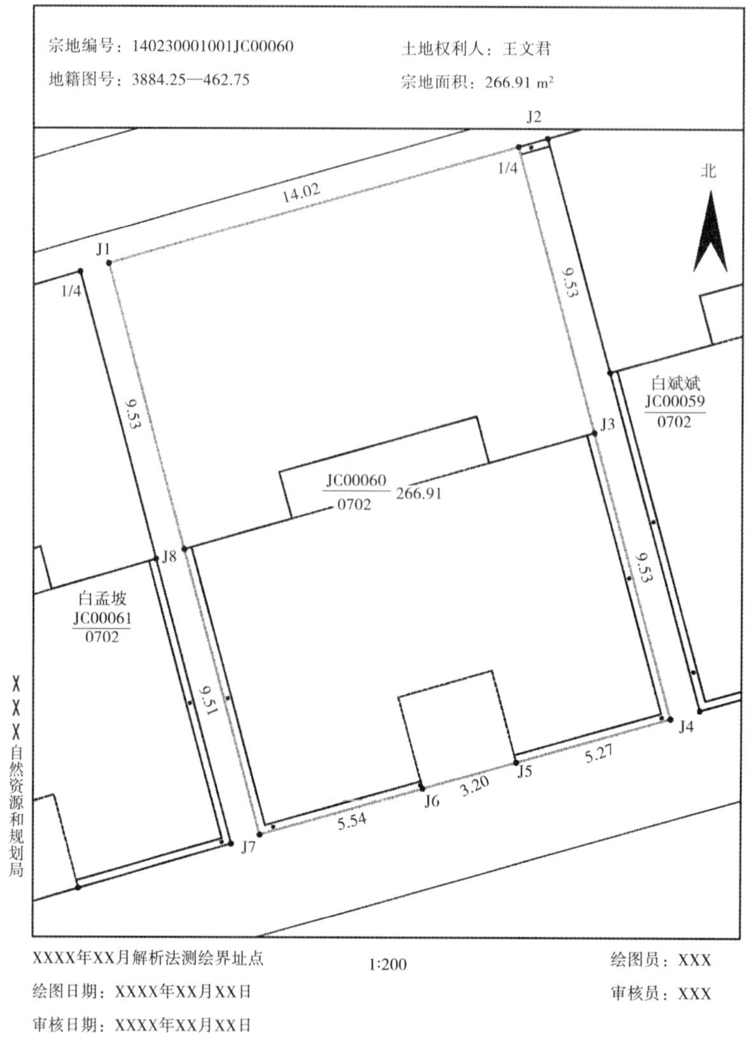

图 3-2-1　宅基地宗地图(样图)　(单位：m，m²)

四、注意事项

(1)宗地图比例尺和幅面根据宗地的大小确定，一般采用 A3、A4 幅面。

(2)对于生成的宗地图，一定要检查是否符合出图要求。

五、实训成果

数字宗地图(数字宗地图样例见本任务二维码)。

六、成绩考核

(1)自我评价与组员互评。

自我评价与组员互评

项目名称					
实训场地		组别姓名		班级学号	
序号	考核项	分值	实训要求	自我评定	备注
1	实训态度、思想意识	20	实训态度认真,思想意识高		
2	实训纪律	10	遵守实训纪律,服从老师、组长管理		
3	团队协作	5	团队协作能力强,配合其他组员完成任务		
4	绘图的准确性、整洁性、美观性	15	符合相关规范要求		
5	实训内容完成情况	10	独立完成各实训内容		
6	实训内容完成时间	10	按时完成各实训内容		
7	实训安全情况	10	实训安全无事故		
8	实训报告编写情况	5	内容齐全,语言通顺流畅,次序合理,书写整洁美观,语言尽量简洁、精练		
9	实训考核情况	10	单项考核情况		
10	分析问题和解决问题的能力	5	分析和解决实训问题能力强		
实训总结与反思:					
组长评价:__________　小组其他同学评价:______________________________					

(2)教师评价。

实训指导教师评价

项目名称					
实训场地		组别姓名		班级学号	
序号	考核项	分值	实训要求	考核评定	备注
1	实训态度、思想意识	20	实训态度认真,思想意识高		
2	实训纪律	10	遵守实训纪律,服从老师、组长管理		
3	团队协作	5	团队协作能力强,配合其他组员完成任务		
4	绘图的准确性、整洁性、美观性	15	符合相关规范要求		
5	实训内容完成情况	10	独立完成各实训内容		
6	实训内容完成时间	10	按时完成各实训内容		
7	实训安全情况	10	实训安全无事故		
8	实训报告编写情况	5	内容齐全,语言通顺流畅,次序合理,书写整洁美观,语言尽量简洁、精练		
9	实训考核情况	10	单项考核情况		
10	分析问题和解决问题的能力	5	分析和解决实训问题能力强		
存在问题:					
指导教师:____________			评价时间:______年____月____日		

【思政小课堂】

进行“农村房地一体化不动产权登记”的意义

“农村房地一体化不动产权登记”就是指将农村集体土地所有权、宅基地使用权、集体建设用地使用权及地上房屋所有权,农村土地承包经营权、林权等农村的不动产进行统一登记。而“不动产登记”是《中华人民共和国物权法》确立的一项物权制度,是指经权利人或利害关系人申请由国家专职部门将有关不动产物权及其变动事项记载于不动产登记簿的事实,将分散在国土、住建、农业、林业等部门的不动产登记职能整合到国土一个部门。

开展“农村房地一体化不动产权登记”意义重大。对农村居民而言,最直接的意义就是明晰农村不动产的产权,通过确权登记颁证,从而有效减少因权属争议引发的诸多社会矛盾。大家都知道,户籍和地籍是造成农业户口与城市户口不平等、城市建设用地与农村集体建设用地不平等的两个直接原因,通过开展“农村房地一体化不动产权登记”,能够不断打破这种利益藩篱,更大限度地提升农村不动产的价值,维护农业人口的利益。

项目四　不动产面积测算

【项目说明】

不动产面积测算主要包括土地面积测算和房产面积测算，其中房产面积测算包括房屋面积和用地面积测算两类。面积测算根据数据资料的来源性质和测算手段的不同而采取不同的方法。本项目实训主要包括解析法面积量算、房屋共有面积分摊计算。

【项目任务】

任务一　解析法面积量算。

任务二　房屋共有面积分摊计算。

【项目成果】

1. 坐标解析法宗地面积解算成果。
2. 手工计算住宅楼成套房屋的套内建筑面积、产权面积和分摊面积成果。
3. SuperMap Floor 计算住宅楼成套房屋的套内建筑面积、产权面积和分摊面积成果表。
4. 手工计算商住楼建筑面积和共有建筑面积分摊成果。
5. SuperMap Floor 计算商住楼建筑面积和共有建筑面积分摊成果表。

任务一　解析法面积量算

一、目的与要求

熟练掌握解析法面积量算公式并能根据公式解算出宗地面积。

二、实训准备

实训案例资料。

三、步骤与方法

根据实地测得被测算土地或建筑物周边各界址点、房角点的坐标，按坐标计算面积的公式，计算出土地或建筑物面积的方法称为坐标解析法。

某宗地形状如图 4-1-1 所示，现已测得各点界址点坐标，有了这些界址点的坐标，就可根据下面的公式计算出相应的宗地面积。

$$p = \frac{1}{2}\sum_{i=1}^{n} x_i(y_{i+1} - y_{i-1}) \qquad (4\text{-}1\text{-}1)$$

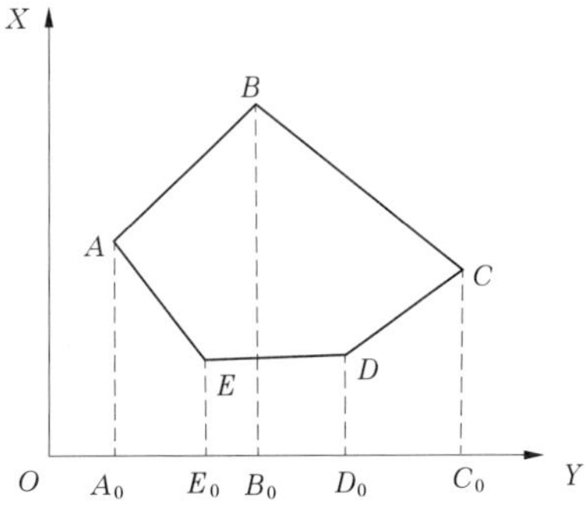

图 4-1-1　坐标解析法

或

$$p = \frac{1}{2}\sum_{i=1}^{n} y_i(x_{i-1} - x_{i+1}) \tag{4-1-2}$$

上式计算时，当 $i=1$ 时，$i-1=n$；当 $i=n$ 时，$i+1=1$。

坐标解析法计算面积时，可分别利用式(4-1-1)和式(4-1-2)对同一图形进行计算，以便进行检核。

利用坐标解析法求得面积后，可按下式计算面积测算中误差：

$$m_p = \pm m_j\sqrt{\frac{1}{8}\sum_{i=1}^{n} D_{i-1,i+1}^2} \tag{4-1-3}$$

式中　m_p——面积测算中误差，m^2；

m_j——界址点、房角点或边界点中误差，mm。

i——界址点、房角点或边界点的点号，一般从1开始按顺时针方向依序号连续顺编，当 $i=1$ 时，令 $i-1=n$，当 $i=n$ 时，令 $i+1=1$。

四、注意事项

请一定注意公式中 i 的取值，界址点编号的方向为顺时针。

五、实训成果

某土地呈五边形（见图4-1-2），测得界址点坐标值为1(34 625.36，55 738.42)，2(35 354.32，56 232.23)，3(36 031.48，58 005.52)，4(34 292.96，60 581.30)，5(33 712.40，58 415.08)，请计算其面积（请用下面两个公式计算）。

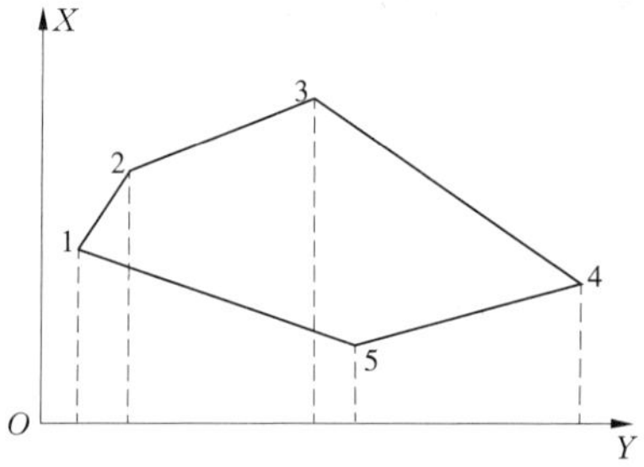

图4-1-2　宗地形状示意图

$$p = \frac{1}{2}\sum_{i=1}^{n} x_i(y_{i+1} - y_{i-1})$$

$$p = \frac{1}{2}\sum_{i=1}^{n} y_i(x_{i-1} - x_{i+1})$$

六、成绩考核

(1)自我评价与组员互评。

自我评价与组员互评

项目名称					
实训场地		组别姓名		班级学号	
序号	考核项	分值	实训要求	自我评定	备注
1	实训态度、思想意识	20	实训态度认真，思想意识高		
2	实训纪律	10	遵守实训纪律，服从老师、组长管理		
3	计算成果的准确性与整洁性	25	计算规范、完整、整洁，计算准确		
4	实训内容完成情况	10	独立完成各实训内容		
5	实训内容完成时间	10	按时完成各实训内容		
6	实训安全情况	10	实训安全无事故		
7	分析问题和解决问题的能力	15	分析和解决实训问题能力强		
实训总结与反思：					
组长评价：__________　小组其他同学评价：__________					

(2)教师评价。

实训指导教师评价

项目名称					
实训场地		组别姓名		班级学号	
序号	考核项	分值	实训要求	考核评定	备注
1	实训态度、思想意识	20	实训态度认真,思想意识高		
2	实训纪律	10	遵守实训纪律,服从老师、组长管理		
3	计算成果的准确性与整洁性	25	计算规范、完整、整洁,计算准确		
4	实训内容完成情况	10	独立完成各实训内容		
5	实训内容完成时间	10	按时完成各实训内容		
6	实训安全情况	10	实训安全无事故		
7	分析问题和解决问题的能力	15	分析和解决实训问题能力强		

存在问题:

指导教师:________________　　　评价时间:_____年_____月_____日

任务二　房屋共有面积分摊计算

一、目的与要求

(1)熟练掌握住宅楼共有建筑面积的分摊方法,并能在 SuperMap Floor 软件中完成操作。

(2)掌握商住楼共有建筑面积的分摊方法,并能在 SuperMap Floor 软件中完成操作。

二、实训准备

SuperMap Floor 软件。

三、步骤与方法

(一)住宅楼共有建筑面积的分摊

住宅楼的共有建筑面积以幢为单位进行分摊,根据整幢的共有建筑面积和整幢套内面积的总和求取整幢住宅楼的分摊系数,再根据各套房屋的套内建筑面积,求得各套房屋应分摊的共有建筑面积。

$$\delta_{S_i} = k \times S_i$$

$$k = \sum \delta_{S_i} / \sum S_i \tag{4-2-1}$$

式中　k——面积的分摊系数;

S_i——各单元参加分摊的建筑面积,m^2;

δ_{S_i}——各单元参加分摊所得的分摊面积,m^2;

$\sum \delta_{S_i}$——需要分摊的面积总和,m^2;

$\sum S_i$——参加分摊的各单元建筑面积总和,m^2。

整幢房屋的共有建筑面积是由整幢房屋的建筑面积扣除各套建筑面积之和,并扣除作为独立使用的地下室、车棚、车库等和为多幢房屋服务的警卫室、管理用房、设备用房,以及人防工程等,即为该幢房屋的共有建筑面积。

(二)商住楼共有建筑面积的分摊

多功能楼是指具有多种用途的建筑物。按照谁使用谁分摊的原则,对各级共有建筑面积按照各自的功能和服务对象分别进行分摊,即进行多级分摊,分摊模式为由上而下。

商住楼分摊方法可以参照多功能综合楼的分摊方法,首先根据住宅和商业等的不同,使用功能按各自的建筑面积将全幢的共有建筑面积分摊成住宅和商业两部分,即住宅部分分摊得到的全幢共有建筑面积和商业部分分摊得到的全幢共有建筑面积。然后住宅和商业部分将所得的分摊面积再各自进行分摊。

住宅部分:将分摊得到的幢共有建筑面积,加上住宅部分本身的共有建筑面积,按各套房屋的套内建筑面积计算各套房屋分摊的共有建筑面积。

商业部分:将分摊得到的幢共有建筑面积,加上商业部分本身的共有建筑面积,按各层套内建筑面积依比例分摊至各层,作为各层共有建筑面积的一部分,加至各层的共有建筑面积中,得到各层总的共有建筑面积,然后根据层内各套房屋的套内建筑面积按比例分摊至各套,求出各套房屋分摊的共有建筑面积。

四、注意事项

(1)分摊原则方面:多功能区共有面积分摊是谁用谁分摊,对各级共有建筑面积按照各自的功能和服务对象分别进行分摊,即多级分摊,分摊模式为由上而下。

(2)计算方面:分摊系数小数点的取位至少 5 位。

(3)软件方面:分摊类型的设置要准确,归层定区时的基层和层数的设置,基层就是起始层。

五、实训成果

住宅楼共有建筑面积的分摊和商住楼共有建筑面积的分摊计算成果:手工计算和 SuperMap Floor 计算。其中,利用 SuperMap Floor 计算商住楼共有建筑面积的分摊示例请扫二维码获取。

(一)手工计算

案例 1:一普通住宅楼,全幢共 6 层,每层两个单元,每单元有两套住宅,全幢共 24 户住宅,户号从一层东边起顺编,从 1 至 24 号,各层套型相同,具体房屋资料见表 4-2-1 和图 4-2-1。图 4-2-1 中所注尺寸,除阳台尺寸为外尺寸外,其他尺寸均为中线尺寸。

表 4-2-1

丘号	0046-7	结构	混合	套内建筑面积(m^2)	
幢号	7B	层数	06	共有分摊面积(m^2)	
户号	1~20	层次	5	产权面积(m^2)	
坐落	人民南路太平巷 4-6 号				

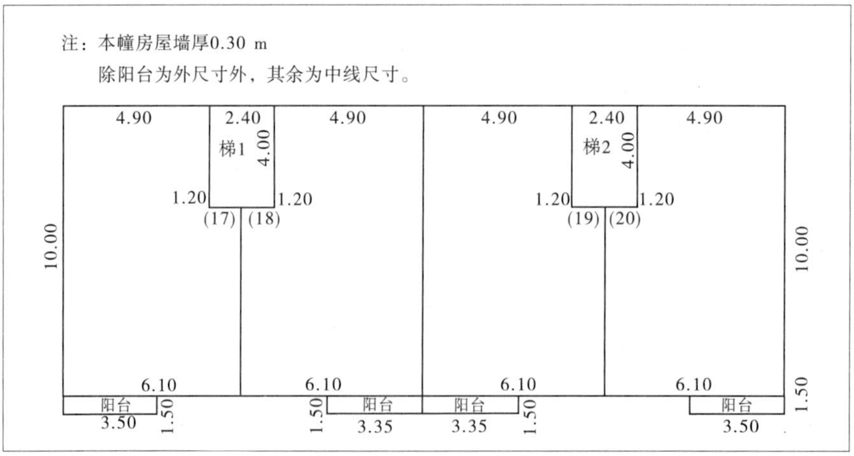

图 4-2-1

计算步骤如下：

(1)从房屋测量草图上把房屋的有关边长、墙厚等尺寸标注于图上。阳台尺寸标注外尺寸，其他都标注中线尺寸。

(2)为了保证房屋面积计算的准确可靠，在面积计算之前应对房屋的所有边长进行一次校核，保证各尺寸之间没有矛盾，相同户型的中线尺寸要保证一致，保证各房间边长与总边长完全一致，对不一致的应进行检查。如系多余观测的测量误差引出的矛盾(闭合差)，在规定限差之内时，应进行平差配赋处理。

检查尺寸正确性，$\sum D$=外轮廓边长。

(3)计算套内建筑面积。

阳台(不封闭)面积：

套内建筑面积：

总套内建筑面积：

(4)幢的共有建筑面积。

层梯间面积：

层外墙墙体面积的一半：

层共有建筑面积：

幢共有建筑面积：

(5)计算幢共有建筑面积的分摊系数。

(6)计算各套房屋的分摊面积。

(7)计算各套房屋的产权面积。

(8)检查：最后计算的各户产权面积之和=本幢总建筑面积

房屋的建筑面积(层)：

房屋产权面积之和(层)：

解析请扫二维码。

案例 2：本幢建筑物为一商住楼，共六层，分为两个功能区，1 层为商业区，共 8 户，户号由一层西北角起从 1~8 顺编，户型相同；2~6 层是住宅区，共五层，每层两个单元，共四户，共计 20 户，户号从 2 层起顺编，由 9~28 号，为相同套型住宅。根据协议，门口警卫收发室属两区共有，楼梯为住宅使用。结构上完全分离，互不相通。阳台均不封闭。具体资料见表 4-2-2 和图 4-2-2。图 4-2-2 中所注尺寸，除阳台尺寸和门卫用房尺寸为外尺寸外，其他尺寸均为中线尺寸。

表 4-2-2

丘号	0048	户号	1~28	结构	钢混
幢号	5B	层数	6	层次	
坐落	人民南路太平巷 5-8 号				

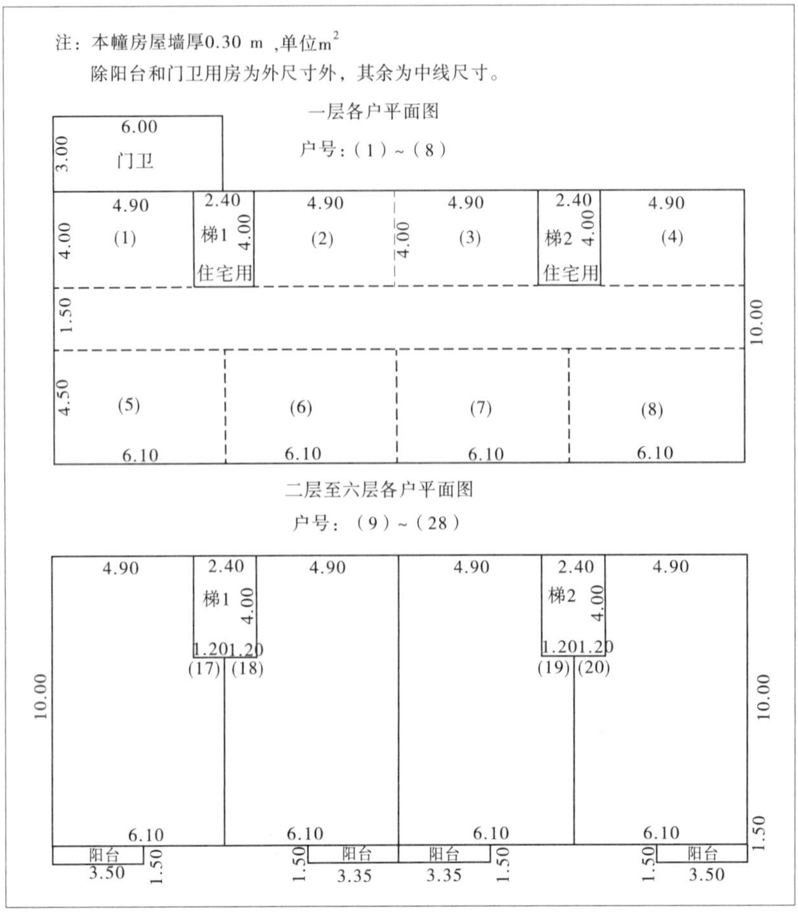

图 4-2-2

计算步骤如下：

(1)房屋各边长尺寸检核。

(2)套内面积计算。

商场部分 8 套：

住宅部分 20 套：

(3)共有建筑面积的确定与计算。

①幢的共有建筑面积。

幢的外墙墙体 1/2 面积：

幢外门卫室面积：

幢的共有建筑面积：

②功能区的共有建筑面积。

分别以 $\Delta S_{宅}$ 和 $\Delta S_{商}$ 表示商场区的共有建筑面积，包括梯间和过道两部分：

$\Delta S_{宅}$：

$\Delta S_{商}$：

(4)各部分建筑面积的计算。

商场区建筑面积：
住宅区建筑面积：
幢建筑面积：
(5)面积计算检核。
全幢建筑面积应为________ m^2，经过核算无误后，才可以往下进行计算。
(6)共有建筑面积分摊。
①幢共有建筑面积分摊。
幢共有建筑面积分摊系数：
商场的分摊面积：
住宅的分摊面积：
商场总的共有建筑面积：
住宅总的共有建筑面积：
②功能区共有建筑面积分摊。
商场部分分摊系数：
住宅部分分摊系数：
(7)各套产权面积计算。
各套产权面积：
(8)产权面积检核。
计算出各套产权面积后，各套产权面积之和 $\sum S_E$ 应等于幢面积 S_Z。
解析请扫二维码。

(二)依据案例用 SuperMap Floor 计算

计算步骤：
(1)新建文件。
(2)设置测绘信息。
(3)导入数据。
(4)拓扑构面。
(5)设定分摊类型。
(6)生成外半墙。
(7)归层定区。
(8)户室编号和归属制定。
(9)建立分摊模型。
(10)分摊计算。
(11)生成报表。

六、成绩考核

(1)自我评价与组员互评。

自我评价与组员互评

项目名称					
实训场地		组别姓名		班级学号	
序号	考核项	分值	实训要求	自我评定	备注
1	实训态度、思想意识	20	实训态度认真,思想意识高		
2	实训纪律	10	遵守实训纪律,服从老师、组长管理		
3	计算成果的准确性与整洁性	25	计算规范、完整、整洁,计算准确		
4	软件使用情况	15	使用软件完成计算		
5	实训内容完成情况	10	独立完成各实训内容		
6	实训内容完成时间	10	按时完成各实训内容		
7	实训安全情况	10	实训安全无事故		
实训总结与反思:					
组长评价:________　小组其他同学评价:________________________。					

(2)教师评价。

实训指导教师评价

项目名称					
实训场地		组别姓名		班级学号	
序号	考核项	分值	实训要求	考核评定	备注
1	实训态度、思想意识	20	实训态度认真,思想意识高		
2	实训纪律	10	遵守实训纪律,服从老师、组长管理		
3	计算成果的准确性与整洁性	25	计算规范、完整、整洁,计算准确		
4	软件使用情况	15	使用软件完成计算		
5	实训内容完成情况	10	独立完成各实训内容		
6	实训内容完成时间	10	按时完成各实训内容		
7	实训安全情况	10	实训安全无事故		
存在问题:					
指导教师:________			评价时间:____年____月____日		

【思政小课堂】

通过实训,结合案例,学生对界址点的编号原则掌握更牢,对地块面积的计算方法有了进一步的理解;另外,住宅类、商住类和多功能综合楼共有建筑面积的分摊方法原理结合 SuperMap Floor 软件的利用,启示学生们信息技术运用能力,可以帮助解决实际问题。科研、科技运用能力可以使学生对一些疑难问题找到很好的解决方法,从而鼓励学生们要勇于并善于学习和钻研,让科学、科技走进生产生活。这样的例子有很多,其中最具说服力的是我国自主研发、独立运行的全球定位导航系统——北斗卫星定位系统,在我们生活中处处可用到,为工作和生活带来了巨大便利。请扫二维码欣赏北斗卫星定位系统纪录片,一睹它的风采。

项目五　不动产变更测绘

【项目说明】

不动产变更测绘是不动产测绘的一项工作内容,其主要工作是不动产变更调查和不动产变更测量,其中不动产变更测量所采用的方法与技术参考项目三任务一,在此不再赘述。故本次实训任务中不再设置测量环节,直接提供变更测量结果,学生依据所提供的资料,进行不动产变更调查内业实训,并提交相关成果。

【项目任务】

任务一　不动产变更调查。

【项目成果】

1. 不动产登记申请书。
2. 不动产权籍变更调查通知书。
3. 不动产权籍调查表。
4. 房屋基本信息调查表。
5. 宗地图。
6. 界址点成果表。

任务一　不动产变更调查

一、目的与要求

熟练掌握不动产变更调查的流程与方法。

二、实训准备

收集相关资料:

(1)原宗地地籍调查表。
(2)原界址点成果表。
(3)原地籍图和宗地图。
(4)新增界址点坐标。
(5)不动产登记申请书。
(6)不动产权籍变更调查通知书。
(7)不动产权籍调查表空表。
(8)房屋调查表空表。

三、步骤与方法

(1)权利人提出变更申请。

(2)不动产调查的准备工作,包括:

①变更土地登记或房地产登记申请书。

②原有地籍图和宗地图的复印件。

③本宗地及邻宗地的原有地籍调查表的复制件(包括宗地草图)。

④有关界址点坐标。

⑤必要的变更数据的准备,如宗地分割时测设元素的计算。

⑥变更地籍调查表、房屋调查表。

⑦本宗地附近测量控制点成果,如坐标、点的标记或点位说明、控制点网图。

⑧变更不动产权籍调查通知书。

(3)发送不动产权籍变更调查通知书。

(4)不动产变更调查和测量。

根据申请调查的材料和档案资料查询结果,核实确认不动产的权属现状,确认其界址是否发生变化,然后确定权属调查的具体方法,对权属进行实地调查和对界址进行检查和测量。

(5)变更调查资料处理。

①宗地代码变更和界址点编号变更。

不动产变更调查中,无论宗地是合并或分割,原宗地号一律不得再用。如果分割或者数宗地合并后宗地特征未发生变化、界址发生变化,在地籍子区内,新的宗地顺序号在相应宗地特征码的最大宗地顺序号后续编,形成新的宗地代码。如果宗地特征、界址均发生变化,在地籍子区内,确定新的宗地特征码,宗地顺序号在新宗地特征码的最大宗地顺序号后续编,形成新的宗地代码。

界址点编号,如果初始不动产权籍调查的界址点为地籍子区统一编号,界址变更后,新增界址点号在地籍子区内最大界址点号后续编,废弃的界址点号不再使用。如果初始不动产权籍调查的界址点以宗地为单位编号,则变更后的界址点以变更后的宗地为单位重新编号。

②宗地草图变更。

③调整幢号和户号等有关的房产编码。

④不动产权籍调查表的变更。

根据变更调查内容填写新的不动产权籍调查表和房屋调查表。

四、注意事项

(1)变更后宗地号的变化。

(2)界址点编号的变化。

(3)宗地草图和宗地图权属界线位置及属性的变化。

(4)房屋幢号和户号的调整。

五、实训成果

已知宗地信息请扫二维码。

权利人提出申请,分析为2户,经村乡(镇)国土资源管理所批准公示后无异议,现进行不动产变更调查。经现场核实,原精度(宗地图、界址点)符合要求,成果准确,经双方指界,增加2个界址点,实测坐标(4 031 729.096,487 320.936)、(4 031 723.460,487 336.253),现宗地草图信息见二维码。

地籍子区中最大宗地号为140423102227JC01000,根据上述提供材料需完成以下内容:

(1)不动产登记申请书。

不动产登记申请书

<table>
<tr><td rowspan="2">收件</td><td>编号</td><td></td><td rowspan="2">收件人</td><td rowspan="2"></td></tr>
<tr><td>日期</td><td></td></tr>
</table>

单位:□平方米 □公顷(□亩)、万元

<table>
<tr><td>申请登记</td><td colspan="5">□土地所有权 □国有建设用地使用权 □宅基地使用权 □集体建设用地使用权□土地承包经营权 □林地使用权 □海域使用权□无居民海岛使用权 □房屋所有权 □构筑物所有权 □森林、林木所有权 □森林、林木使用权 □抵押权 □地役权 □其他______</td></tr>
<tr><td>事由</td><td colspan="5">□首次登记(□总登记 □初始登记) □转移登记 □变更登记 □注销登记 □更正登记 □异议登记 □预告登记 □查封登记 □其他__________</td></tr>
<tr><td rowspan="14">申请人情况</td><td colspan="5">登　记　申　请　人</td></tr>
<tr><td>权利人姓名(名称)</td><td colspan="4"></td></tr>
<tr><td>身份证件种类</td><td></td><td>证件号</td><td colspan="2"></td></tr>
<tr><td>通信地址</td><td colspan="2"></td><td>邮 编</td><td></td></tr>
<tr><td>法定代表人或负责人</td><td></td><td>联系电话</td><td colspan="2"></td></tr>
<tr><td>代理人姓名</td><td></td><td>联系电话</td><td colspan="2"></td></tr>
<tr><td>代理机构名称</td><td colspan="4"></td></tr>
<tr><td colspan="5">登　记　申　请　人</td></tr>
<tr><td>义务人姓名(名称)</td><td colspan="4"></td></tr>
<tr><td>身份证件种类</td><td></td><td>证件号</td><td colspan="2"></td></tr>
<tr><td>通信地址</td><td colspan="2"></td><td>邮 编</td><td></td></tr>
<tr><td>法定代表人或负责人</td><td></td><td>联系电话</td><td colspan="2"></td></tr>
<tr><td>代理人姓名</td><td></td><td>联系电话</td><td colspan="2"></td></tr>
<tr><td>代理机构名称</td><td colspan="4"></td></tr>
<tr><td rowspan="5">不动产情况</td><td>坐　落</td><td colspan="4"></td></tr>
<tr><td>不动产单元号</td><td colspan="2"></td><td>不动产类型</td><td></td></tr>
<tr><td>面　积</td><td colspan="2"></td><td>用　途</td><td></td></tr>
<tr><td>原不动产权证书号</td><td colspan="2"></td><td>用海类型</td><td></td></tr>
<tr><td>构筑物类型</td><td colspan="2"></td><td>林　种</td><td></td></tr>
</table>

不动产登记申请书(续)

<table>
<tr><td rowspan="2">抵押情况</td><td>被担保债权数额
(最高债权数额)</td><td></td><td>债务履行期限
(债权确定期间)</td><td></td></tr>
<tr><td>在建建筑物抵押范围</td><td colspan="3"></td></tr>
<tr><td rowspan="2">地役权情况</td><td>需役地坐落</td><td colspan="3"></td></tr>
<tr><td>需役地不动产单元号</td><td colspan="3"></td></tr>
<tr><td rowspan="2">登记原因及证明</td><td>登记原因</td><td colspan="3">首次登记</td></tr>
<tr><td>登记原因
证明文件</td><td colspan="3"></td></tr>
<tr><td colspan="2">申请证书版式</td><td>□单一版　□集成版</td><td>申请分别持证</td><td>□是　□否</td></tr>
<tr><td>备注</td><td colspan="4"></td></tr>
<tr><td colspan="5">本申请人对填写的上述内容及提交的申请材料的真实性负责。如有不实,申请人愿承担法律责任。

申请人(签章):　　　　申请人(签章):
代理人(签章):　　　　代理人(签章):
年　月　日　　　　年　月　日</td></tr>
</table>

<table>
<tr><td rowspan="2">不动产登记审批情况(申请人请勿填写)</td><td>初　审</td><td>复　审</td><td>核　定</td></tr>
<tr><td>审查人:　　(签章)
年　月　日</td><td>审查人:　　(签章)
年　月　日</td><td>负责人:　　(公章)
年　月　日</td></tr>
<tr><td>备 注</td><td colspan="3"></td></tr>
</table>

(2)不动产权籍变更调查通知书。

不动产权籍变更调查通知书

根据你(单位或户主)提交的变更不动产登记或房地产登记申请书,特定于　　　年　　月　　日　　时到现场进行不动产权籍变更调查。请你(单位或户主)届时派代表到现场共同确认变更界址。如属申请分割界址或自然变更界址的,请预先在变更的界址点处设立界址标志。

自然资源局盖章

年　　月　　日

(3)不动产权籍调查表。

不动产权籍调查表

宗地/宗海代码：

调查单位(机构)：

调查时间：　　　　年　　月　　日

<table>
<tr><td colspan="7">宗地基本信息表</td></tr>
<tr><td rowspan="5">权利人</td><td>所有权</td><td colspan="5"></td></tr>
<tr><td rowspan="4">使用权</td><td rowspan="4"></td><td>权利人类型</td><td colspan="3"></td></tr>
<tr><td>证件种类</td><td colspan="3"></td></tr>
<tr><td>证件号</td><td colspan="3"></td></tr>
<tr><td>通信地址</td><td colspan="3"></td></tr>
<tr><td colspan="2">权利类型</td><td></td><td>权利性质</td><td></td><td>土地权属来源
证明材料</td><td></td></tr>
<tr><td colspan="2">坐落</td><td colspan="5"></td></tr>
<tr><td colspan="2" rowspan="2">法定代表人
或负责人姓名</td><td rowspan="2"></td><td>证件种类</td><td></td><td rowspan="2">电话</td><td rowspan="2"></td></tr>
<tr><td>证件号</td><td></td></tr>
<tr><td colspan="2" rowspan="2">代理人姓名</td><td rowspan="2"></td><td>证件种类</td><td></td><td rowspan="2">电话</td><td rowspan="2"></td></tr>
<tr><td>证件号</td><td></td></tr>
<tr><td colspan="2">权利设定方式</td><td colspan="5"></td></tr>
<tr><td colspan="2">国民经济行业
分类代码</td><td colspan="5"></td></tr>
<tr><td colspan="2">预编宗地代码</td><td colspan="2"></td><td>宗地代码</td><td colspan="2"></td></tr>
<tr><td colspan="2">不动产单元号</td><td colspan="5"></td></tr>
<tr><td colspan="2" rowspan="2">所在图幅号</td><td>比例尺</td><td colspan="4"></td></tr>
<tr><td>图幅号</td><td colspan="4"></td></tr>
<tr><td colspan="2" rowspan="4">宗地四至</td><td colspan="5">北：</td></tr>
<tr><td colspan="5">东：</td></tr>
<tr><td colspan="5">南：</td></tr>
<tr><td colspan="5">西：</td></tr>
<tr><td colspan="2">等级</td><td colspan="2"></td><td colspan="2">价格(元)</td><td></td></tr>
<tr><td colspan="2" rowspan="2">批准用途</td><td colspan="2"></td><td rowspan="2">实际用途</td><td colspan="2"></td></tr>
<tr><td>地类编码</td><td></td><td>地类编码</td><td></td></tr>
<tr><td colspan="2" rowspan="2">批准面积(m^2)</td><td rowspan="2"></td><td rowspan="2">宗地面积
(m^2)</td><td rowspan="2"></td><td>建筑占地
总面积(m^2)</td><td></td></tr>
<tr><td>建筑总面积(m^2)</td><td></td></tr>
<tr><td colspan="2">土地使用期限</td><td colspan="5"></td></tr>
<tr><td colspan="2">共有/共用
权利人情况</td><td colspan="5"></td></tr>
<tr><td colspan="2">说明</td><td colspan="5"></td></tr>
</table>

界址标示表

界址点号	界标种类					界址间距（m）	界址线类别								界址线位置			说明
	钢钉	水泥桩	喷涂	无标志			连线	道路	沟渠	围墙	围栏	田埂			内	中	外	

（表格行数可调整，可附页）

界址签章表						
界址线			邻宗地		本宗地	日期
起点号	中间点号	终点号	相邻宗地权利人 （宗地代码）	指界人姓名 （签章）	指界人姓名 （签章）	

（表格行数可调整，可附页）

宗地草图

界址说明表	
界址点位说明	
主要权属界线 走向说明	

<table>
<tr><td colspan="2">调查审核表</td></tr>
<tr><td>权属调查记事</td><td>调查员：　　日期：　　年　　月　　日</td></tr>
<tr><td>地籍测量记事</td><td>测量员：　　日期：　　年　　月　　日</td></tr>
<tr><td>地籍调查结果
审核意见</td><td>审核人：　　日期：　　年　　月　　日</td></tr>
</table>

共有/共用宗地面积分摊表			
土地坐落			
宗地代码			
宗地面积(m^2)		定着物单元数	
定着物代码	土地所有权/使用权面积(m^2)	独有/独用土地面积(m^2)	分摊土地面积(m^2)
合计			
备注			

注:无共有/共用情况的无需填写此表。

不动产权籍调查表

宗地/宗海代码：

调查单位（机构）：

调查时间：　　　　年　　　月　　　日

宗地基本信息表						
权利人	所有权					
	使用权		权利人类型			
			证件种类			
			证件号			
			通信地址			
权利类型		权利性质		土地权属来源证明材料		
坐落						
法定代表人或负责人姓名		证件种类		电话		
		证件号				
代理人姓名		证件种类		电话		
		证件号				
权利设定方式						
国民经济行业分类代码						
预编宗地代码			宗地代码			
不动产单元号						
所在图幅号	比例尺					
	图幅号					
宗地四至	北：					
	东：					
	南：					
	西：					
等级			价格(元)			
批准用途			实际用途			
	地类编码			地类编码		
批准面积(m^2)		宗地面积(m^2)		建筑占地总面积(m^2)		
				建筑总面积(m^2)		
土地使用期限						
共有/共用权利人情况						
说明						

界址标示表																		
界址点号	界标种类					界址间距（m）	界址线类别								界址线位置			说明
	钢钉	水泥桩	喷涂	无标志			连线	道路	沟渠	围墙	围栏	田埂			内	中	外	

（表格行数可调整，可附页）

界址签章表						
界址线			邻宗地		本宗地	日期
起点号	中间点号	终点号	相邻宗地权利人（宗地代码）	指界人姓名（签章）	指界人姓名（签章）	

（表格行数可调整，可附页）

宗地草图

界址说明表	
界址点位说明	
主要权属界线 走向说明	

调查审核表	
权属调查记事	调查员：　　日期：　　年　　月　　日
地籍测量记事	测量员：　　日期：　　年　　月　　日
地籍调查结果审核意见	审核人：　　日期：　　年　　月　　日

共有/共用宗地面积分摊表			
土地坐落			
宗地代码			
宗地面积(m^2)		定着物单元数	
定着物代码	土地所有权/使用权面积(m^2)	独有/独用土地面积(m^2)	分摊土地面积(m^2)
合计			
备注			

注：无共有/共用情况的无需填写此表。

(4)房屋基本信息调查表。

<table>
<tr><td colspan="17">房屋基本信息调查表
县级行政区名称或代码：　地籍区：　地籍子区：　宗地号：　定着物(房屋)代码：</td></tr>
<tr><td>不动产单元代码</td><td colspan="16"></td></tr>
<tr><td>房地坐落</td><td colspan="13"></td><td colspan="2">邮政编码</td><td></td></tr>
<tr><td rowspan="2">房屋
所有权人</td><td colspan="8" rowspan="2"></td><td colspan="2">证件种类</td><td colspan="6"></td></tr>
<tr><td colspan="2">证件号</td><td colspan="6"></td></tr>
<tr><td>电话</td><td colspan="5"></td><td colspan="3">住址</td><td colspan="2"></td><td rowspan="4">共有情况</td><td colspan="5" rowspan="4"></td></tr>
<tr><td>权利人类型</td><td colspan="5"></td><td colspan="3">项目名称</td><td colspan="2"></td></tr>
<tr><td>房屋性质</td><td colspan="5"></td><td colspan="3">产别</td><td colspan="2"></td></tr>
<tr><td>用途</td><td colspan="5"></td><td colspan="3">规划用途</td><td colspan="2"></td></tr>
<tr><td rowspan="6">房屋状况</td><td rowspan="2">幢号</td><td rowspan="2">户号</td><td rowspan="2">总套数</td><td rowspan="2">总层数</td><td rowspan="2">所在层</td><td rowspan="2">房屋结构</td><td rowspan="2">竣工时间</td><td rowspan="2">占地面积(m^2)</td><td rowspan="2">建筑面积(m^2)</td><td rowspan="2">专有建筑面积(m^2)</td><td rowspan="2">分摊建筑面积(m^2)</td><td rowspan="2">产权来源</td><td colspan="4">墙体归属</td></tr>
<tr><td>东</td><td>南</td><td>西</td><td>北</td></tr>
<tr><td></td><td></td><td></td><td></td><td></td><td></td><td></td><td></td><td></td><td></td><td></td><td></td><td></td><td></td><td></td><td></td></tr>
<tr><td></td><td></td><td></td><td></td><td></td><td></td><td></td><td></td><td></td><td></td><td></td><td></td><td></td><td></td><td></td><td></td></tr>
<tr><td></td><td></td><td></td><td></td><td></td><td></td><td></td><td></td><td></td><td></td><td></td><td></td><td></td><td></td><td></td><td></td></tr>
<tr><td></td><td></td><td></td><td></td><td></td><td></td><td></td><td></td><td></td><td></td><td></td><td></td><td></td><td></td><td></td><td></td></tr>
<tr><td rowspan="2">房屋权界线
示意图</td><td colspan="10" rowspan="2"></td><td>附加说明</td><td colspan="5"></td></tr>
<tr><td>调查意见</td><td colspan="5"></td></tr>
</table>

调查员：　　日期：　　年　　月　　日

房屋平面图(可附页)

(5)绘制宗地图(电子成果)。

(6)界址点成果表(电子成果)。

六、成绩考核

(1)自我评价与组员互评。

自我评价与组员互评

<table>
<tr><td>项目名称</td><td colspan="5"></td></tr>
<tr><td>实训场地</td><td></td><td>组别姓名</td><td></td><td>班级学号</td><td></td></tr>
<tr><td>序号</td><td>考核项</td><td>分值</td><td>实训要求</td><td>自我评定</td><td>备注</td></tr>
<tr><td>1</td><td>实训态度、思想意识</td><td>20</td><td>实训态度认真,思想意识高</td><td></td><td></td></tr>
<tr><td>2</td><td>实训纪律</td><td>10</td><td>遵守实训纪律,服从老师、组长管理</td><td></td><td></td></tr>
<tr><td>3</td><td>成果的准确性与整洁性</td><td>20</td><td>不动产登记申请书、不动产权籍变更调查通知书、不动产权籍调查表、房屋调查表填写规范、完整、整洁</td><td></td><td></td></tr>
<tr><td>4</td><td>图件的规范性</td><td>10</td><td>宗地图绘制规范</td><td></td><td></td></tr>
<tr><td>5</td><td>实训内容完成情况</td><td>10</td><td>独立完成各实训内容</td><td></td><td></td></tr>
<tr><td>6</td><td>实训内容完成时间</td><td>10</td><td>能按时完成各实训内容</td><td></td><td></td></tr>
<tr><td>7</td><td>实训安全情况</td><td>10</td><td>实训安全无事故</td><td></td><td></td></tr>
<tr><td>8</td><td>分析问题和解决问题的能力</td><td>10</td><td>分析和解决实训问题能力强</td><td></td><td></td></tr>
<tr><td colspan="6">实训总结与反思:</td></tr>
<tr><td colspan="6">组长评价:__________　小组其他同学评价:______________________________</td></tr>
</table>

(2)教师评价。

实训指导教师评价

项目名称					
实训场地		组别姓名		班级学号	
序号	考核项	分值	实训要求	考核评定	备注
1	实训态度、思想意识	20	实训态度认真,思想意识高		
2	实训纪律	10	遵守实训纪律,服从老师、组长管理		
3	成果的准确性与整洁性	20	不动产登记申请书、不动产权籍变更调查通知书、不动产权籍调查表、房屋调查表填写规范、完整、整洁		
4	图件的规范性	10	宗地图绘制规范		
5	实训内容完成情况	10	独立完成各实训内容		
6	实训内容完成时间	10	按时完成各实训内容		
7	实训安全情况	10	实训安全无事故		
8	分析问题和解决问题的能力	10	分析和解决实训问题能力强		
存在问题:					
指导教师:__________			评价时间:______年_____月_____日		

【思政小课堂】

通过实训，学生对不动产变更调查的认识更清晰更明了，能够完全掌握不动产测绘的工作流程与内容，同时也对不动产测绘实事求是的原则有了更深刻的体会，从而引导学生在日常学习、工作和生活中秉持实事求是的态度。在这里引入一个2011年十大测绘地理信息违法典型案件：河北省保定市××测绘有限公司违法分包测绘项目和廊坊××测绘服务有限公司超范围作业案。2009年6月，廊坊××测绘服务有限公司在不具有地理信息系统工程资质的情况下，从保定市××测绘有限公司分包了××县城镇地籍数据库建设项目。两单位的行为违反了《中华人民共和国测绘法》第二十九条关于测绘单位不得超越资质等级许可范围从事测绘活动及发包单位不得向不具有相应测绘资质等级的单位发包测绘项目的规定。通过这个案件，增强学生依法测绘、实事求是测绘的意识，起到一个警示教育的作用。

项目六　不动产数据库建设

【项目说明】

不动产数据库建设包括：土地利用现状调查数据库建设、集体土地所有权数据库建设、集体土地使用权数据库建设、集体土地经营权数据库建设、房产数据库建设等。

本项目主要以集体土地使用权数据入库流程为主线进行实训，实训内容包括入库前的数据准备、数据建库及数据库连接、行政区图形及属性入库、宗地图形及属性入库、房屋图形及属性入库、输出成果及查询等。

本项目采取案例导入的方式，将理论知识与实际案例结合，力求将理论知识融入实际操作中，实现"做中学，学中做"的职业教育特色，增加了案例教学，力求学做合一，理实一体，可以使学生掌握集体土地使用权入库的基础理论知识及基本技能，培养其分析问题和解决问题的能力，形成良好的学习方法，具备优良的职业素养，为今后解决实际生产问题及职业生涯的发展奠定基础。

【项目任务】

任务一　集体土地使用权数据库建设。

【项目成果】

张村集体土地使用权数据库建设成果一份，项目实训总结一份。

任务一　集体土地使用权数据库建设

一、目的与要求

(1)熟练掌握数据库建设流程。

(2)熟练掌握数据库数据转换、数据处理、数据输出。

(3)每人完成一份数据库建设成果。

(4)每人完成一份实训总结。

二、实训准备

本项目参考材料有：

(1)相关规程规范。

(2)使用苍穹软件进行集体土地使用权入库的流程。

(3)集体土地使用权前期调查成果。

本项目需要使用的工具有：

(1)Cass9.1，Arcgis 软件。

(2)集体土地使用权苍穹入库软件。

三、步骤与方法

(一)入库前的数据准备

方法一:将. dwg 数据转换为. shp 数据。

打开 ArcCatalog,连接到文件夹,选中张村 1. dwg,右键选择导出→转为 Shapefile(批量),见图 6-1。

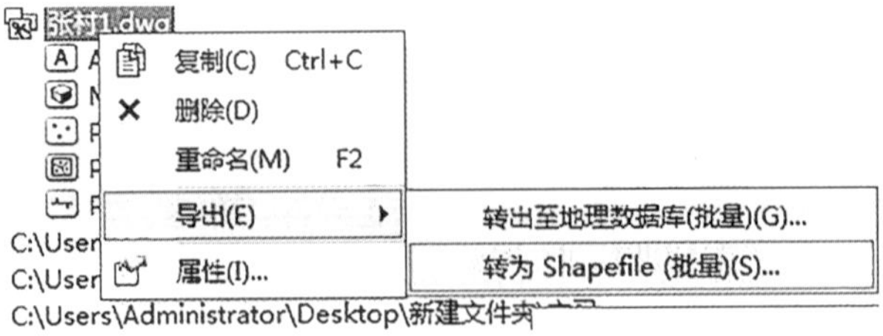

图 6-1

选择输出文件夹,如图 6-2、图 6-3 所示。

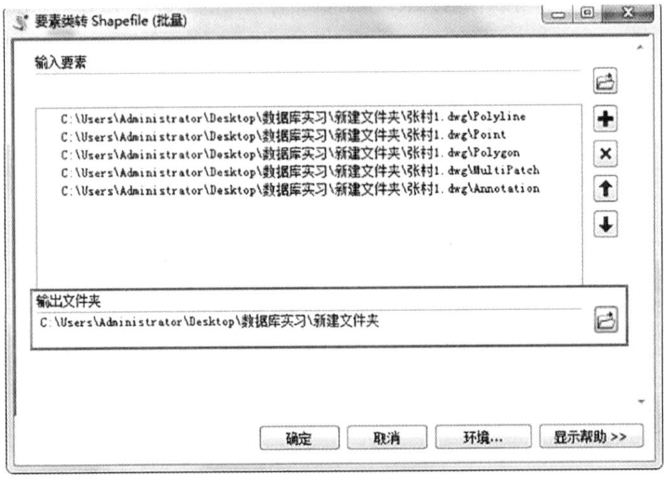

图 6-2

图 6-3

方法二:将. dwg 数据直接转换入库。

外业调查的数据,如果有界址点、界址线属性,需要建立一个如图 6-4 的文本,放在

cad 安装程序路径下。

图 6-4

外业调查的数据大部分是.dwg 格式的数据,针对非.dwg 格式的数据,可以用数据建库——shp 转换、其他数据转换。对于一般.dwg 数据的转换,用数据建库——.DWG 数据转换,如图 6-5 所示。

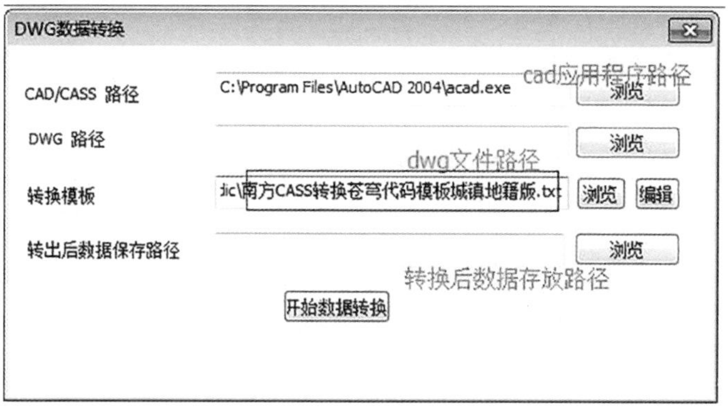

图 6-5

(二)数据建库及数据库连接

1. 图形库创建

(1)图形库创建(见图 6-6)。

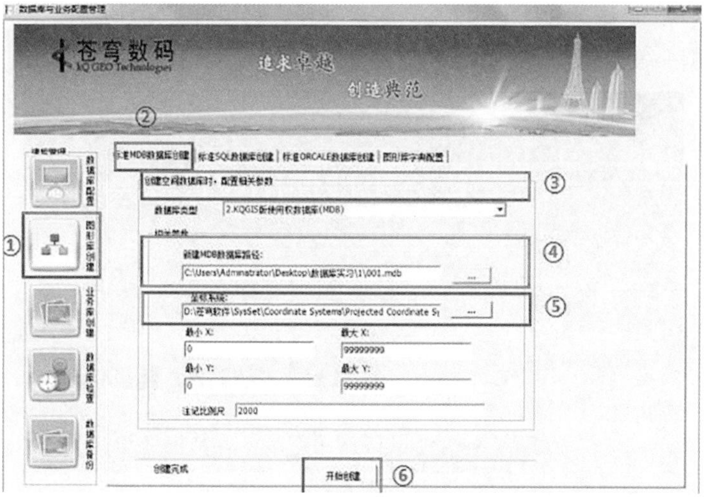

图 6-6

(2)标准 HDB 数据库创建。

(3)数据库类型:2. KQGIS 版使用权数据库(MDB)。

(4)新建 MDB 数据库路径。

(5)坐标系统:选择创建好的地方投影文件。

(6)开始创建。

2. 数据库配置

(1)数据库配置(见图 6-7)。

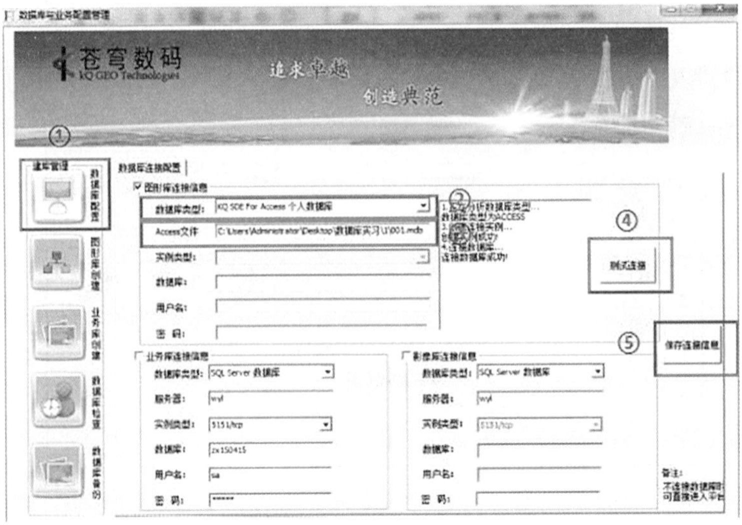

图 6-7

(2)数据库类型:KQSDEF or Access 个人数据库。

(3)Access 文件:选择创建的数据库。

(4)测试连接。

(5)保存连接信息。

(三)行政区图形及属性入库

(1)图形入库(见图 6-8)。

①添加数据→文件数据源→选择 Polygon. shp 文件(见图 6-9)。

图 6-8

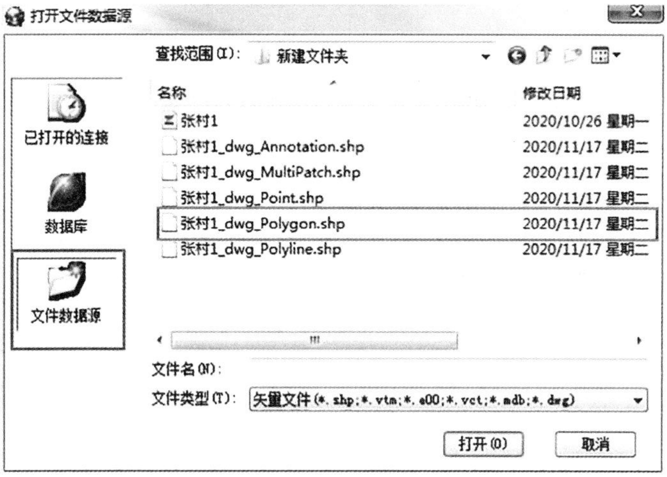

图 6-9

②选中张村 1_dwg_polygon. shp,右键→属性浏览。

③选择地籍子区→右击→选中图块(见图 6-10)。

图 6-10

④Ctrl+C。新建工程→Ctrl+V。单层图形检查。

⑤添加数据→已打开的链接(见图 6-11、图 6-12)。

⑥点击读取。

⑦全部选择。

⑧图块更换层(必选择所有宗地,再点击图块更换层,见图 6-13)。

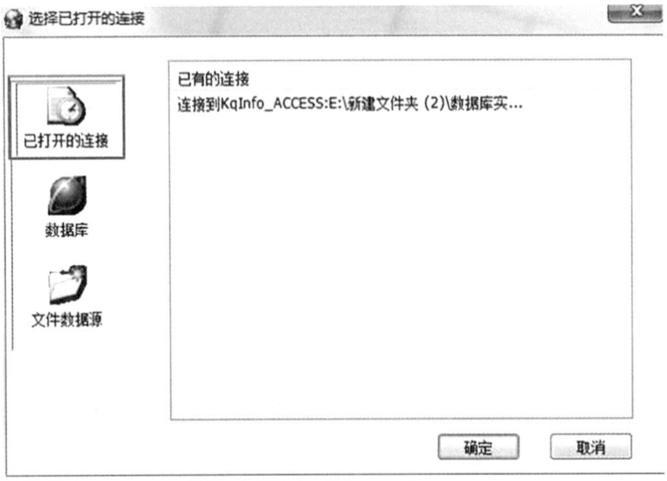

图 6-11

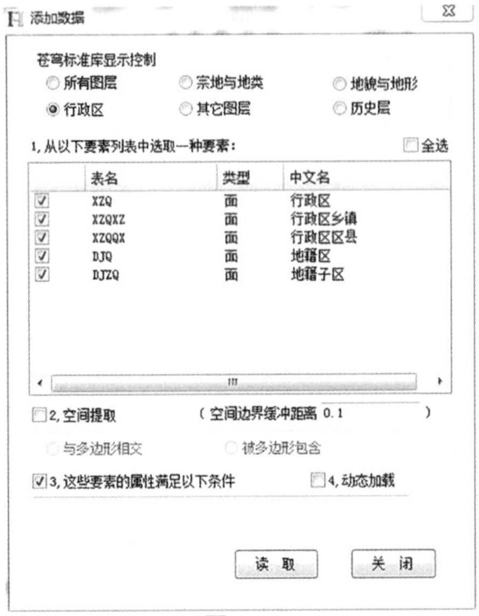

图 6-12

图 6-13

☐ **地籍子区** 双击宗地前面的方框,使方框变成书的形状……☑ 📖 **地籍子区** (见图 6-14)。

⑨点击保存。

⑩点击更新到现状库。

(2)属性入库(见图 6-15、图 6-16)。更新现状库。

(3)地籍区、县级行政区融合。

数据建库→地籍区维护工具→地籍区、县级行政区融合(见图 6-17、图 6-18)。

(4)更新行政区、行政乡镇。

①将地籍子区复制到行政区。全选地籍子区(见图 6-19、图 6-20),更新现状库(见图 6-21)。

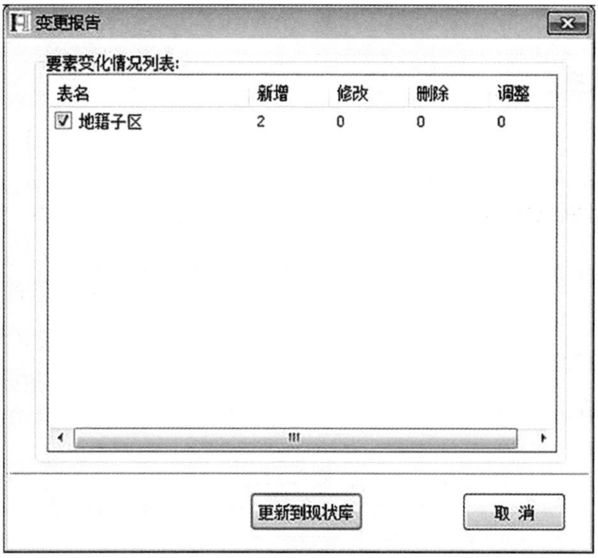

图 6-14

图 6-15

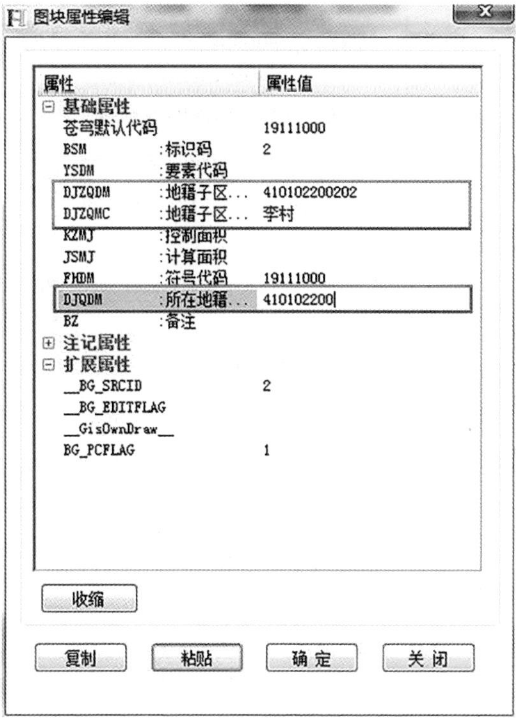

图 6-16

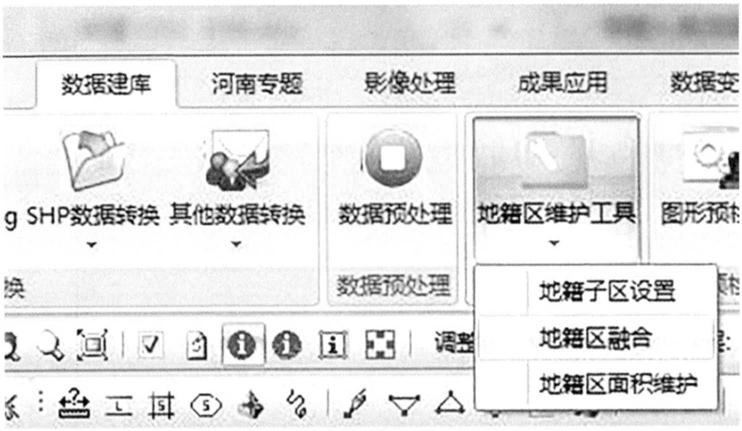

图 6-17

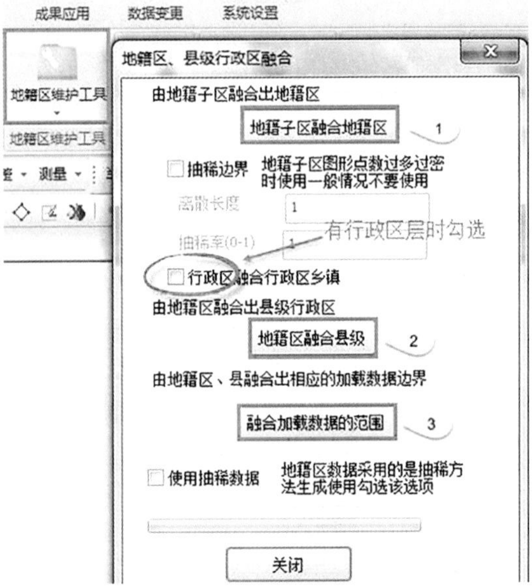

图 6-18

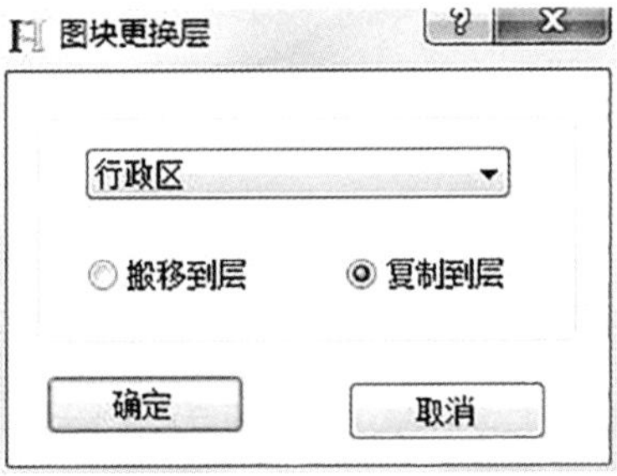

图 6-19

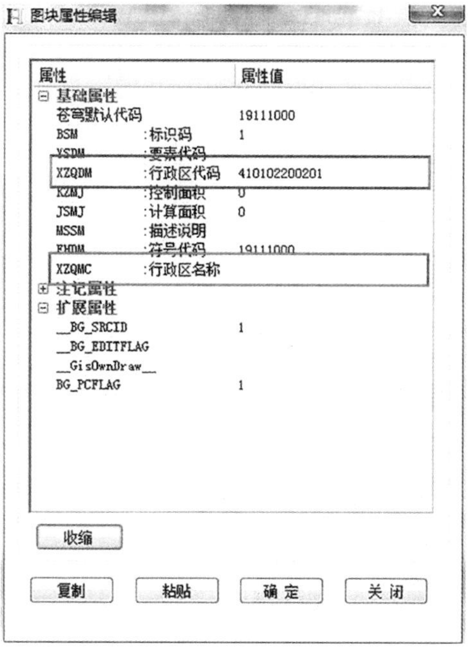

图 6-20

图 6-21

②将地籍区复制到行政乡镇(见图 6-22、图 6-23)。

(5)地籍子区树。

数据建库→地籍区维护工具→地籍子区设置→建立地籍子区树(见图 6-24、图 6-25)。

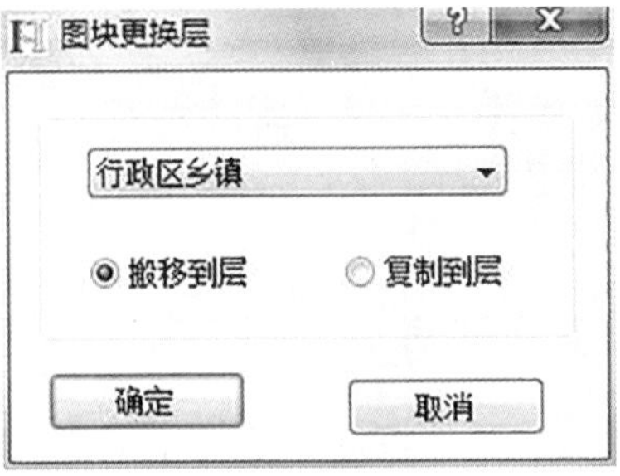

图 6-22

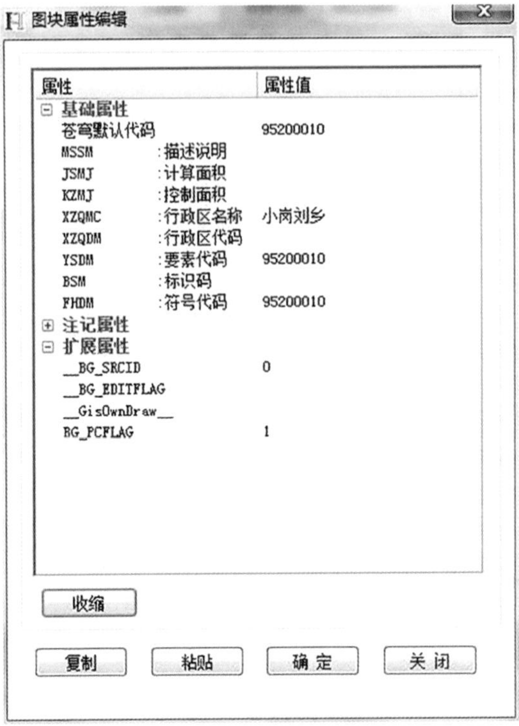

图 6-23

图 6-24

图 6-25

根据空间库创建保存后,右击左上角编码层,依次编辑对应村子的乡、县、市的名称,然后保存,上传无误后下载。

(四)宗地图形及属性入库

(1)宗地图形入库(见图 6-26~图 6-28)。

①Layer 选中 JZD(shift 选中)。

②右击→选中图块。

③Ctrl+C 复制。

新建工程→Ctrl+V。选中张村 1_dwg_Polygon→右击→单层图形检查(见图 6-29)。

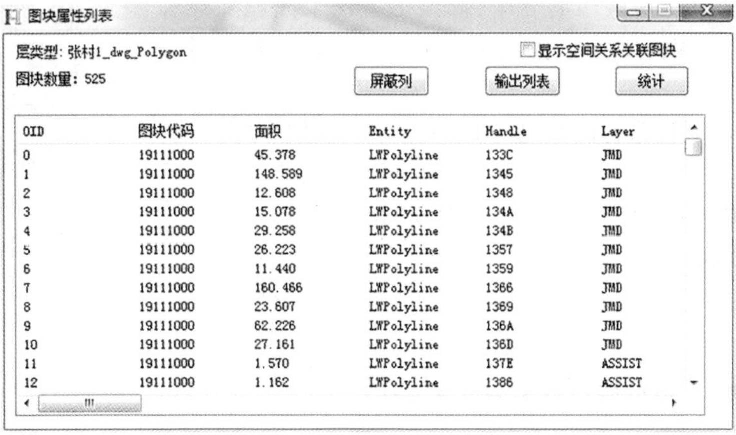

图 6-26

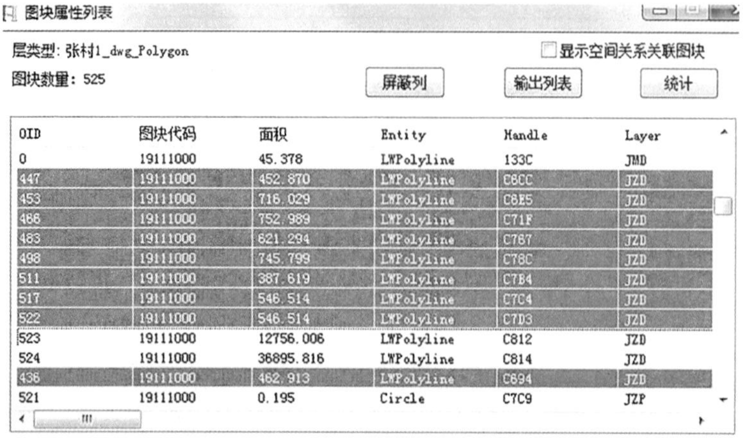

OID	图块代码	面积	Entity	Handle	Layer
0	19111000	45.378	LWPolyline	133C	JMD
447	19111000	452.870	LWPolyline	C6CC	JZD
453	19111000	716.029	LWPolyline	C6E5	JZD
466	19111000	752.989	LWPolyline	C71F	JZD
483	19111000	621.294	LWPolyline	C767	JZD
498	19111000	745.799	LWPolyline	C78C	JZD
511	19111000	387.619	LWPolyline	C7B4	JZD
517	19111000	546.514	LWPolyline	C7C4	JZD
522	19111000	546.514	LWPolyline	C7D3	JZD
523	19111000	12756.006	LWPolyline	C812	JZD
524	19111000	36895.816	LWPolyline	C814	JZD
436	19111000	462.913	LWPolyline	C694	JZD
521	19111000	0.195	Circle	C7C9	JZP

图 6-27

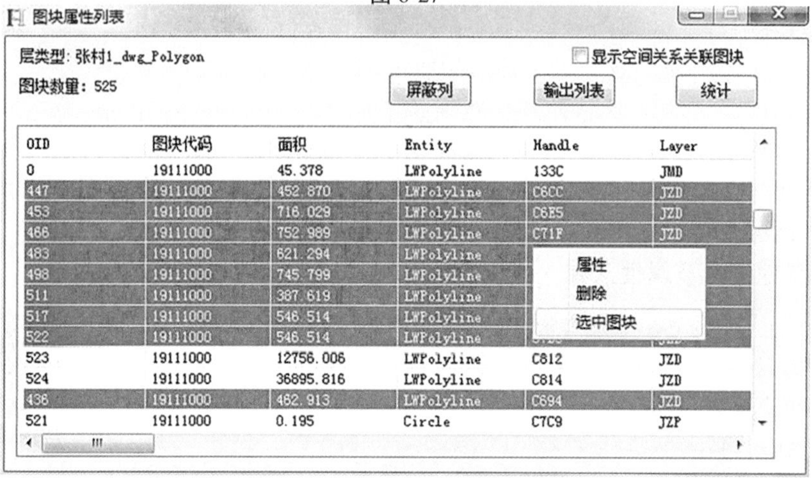

OID	图块代码	面积	Entity	Handle	Layer
0	19111000	45.378	LWPolyline	133C	JMD
447	19111000	452.870	LWPolyline	C6CC	JZD
453	19111000	716.029	LWPolyline	C6E5	JZD
466	19111000	752.989	LWPolyline	C71F	JZD
483	19111000	621.294	LWPolyline		
498	19111000	745.799	LWPolyline		
511	19111000	387.619	LWPolyline		
517	19111000	546.514	LWPolyline		
522	19111000	546.514	LWPolyline		
523	19111000	12756.006	LWPolyline	C812	JZD
524	19111000	36895.816	LWPolyline	C814	JZD
436	19111000	462.913	LWPolyline	C694	JZD
521	19111000	0.195	Circle	C7C9	JZP

图 6-28

④空洞和重叠错误最后修改，修改的方法采用删除点。每修改完一处错误需要进行单层图形检查。修改直至没有错误。

⑤图形入库（将张村的宗地原始数据导入数据库的宗地图层）。

⑥添加数据—已打开的链接（见图 6-30、图 6-31）。

⑦点击读取。

⑧图块更换层（必选择所有宗地，再点击图块更换层，见图 6-32）。

双击宗地前面的方框，使方框变成书的形状

。

⑨点击保存。

⑩点击更新到现状库（见图 6-33）。

图 6-29

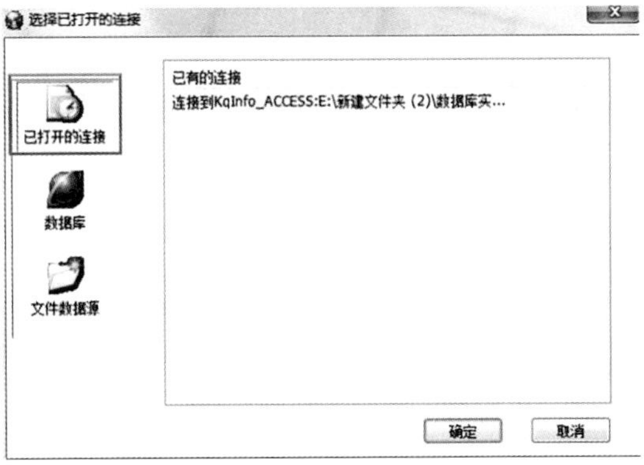

图 6-30

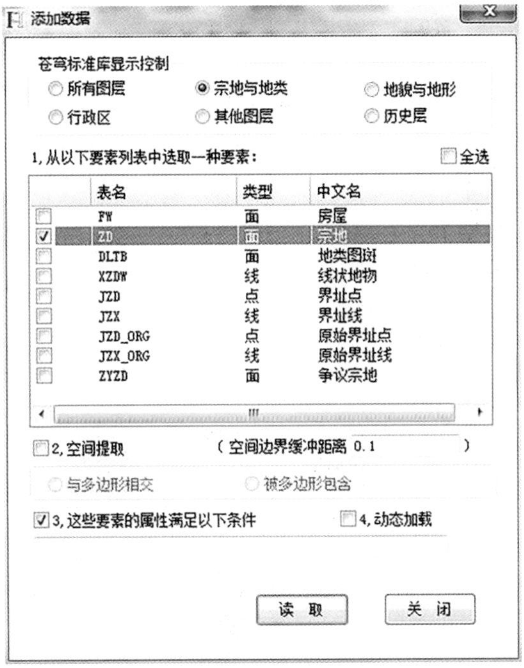

图 6-31

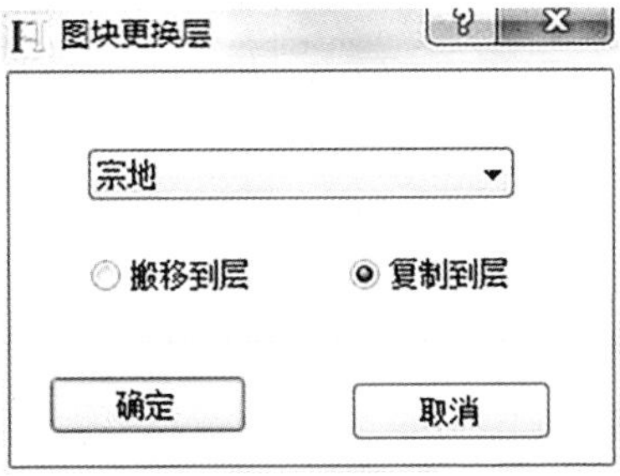

图 6-32

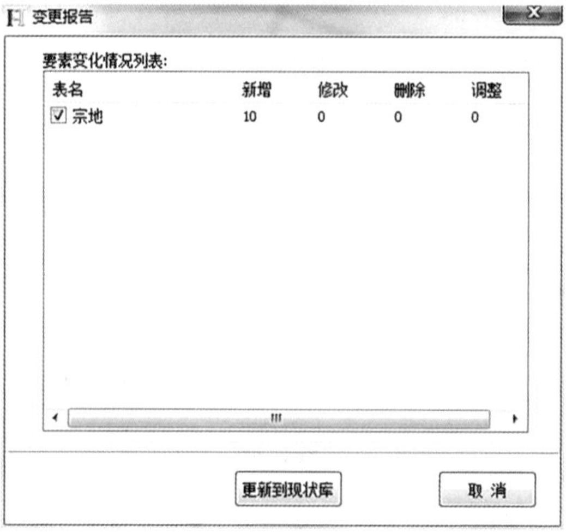

图 6-33

(2)宗地属性入库(见图 6-34)。

方法一:手动录入属性。

选择[ ],点击需要录入属性的宗地。

图 6-34

方法二：当属性一致时可统一修改录入属性。

①可以软件批量填写的。

加载全部数据，单独只打开宗地层，使用 或 全选图块，查询编辑→地物属性批量修改（见图 6-35）。

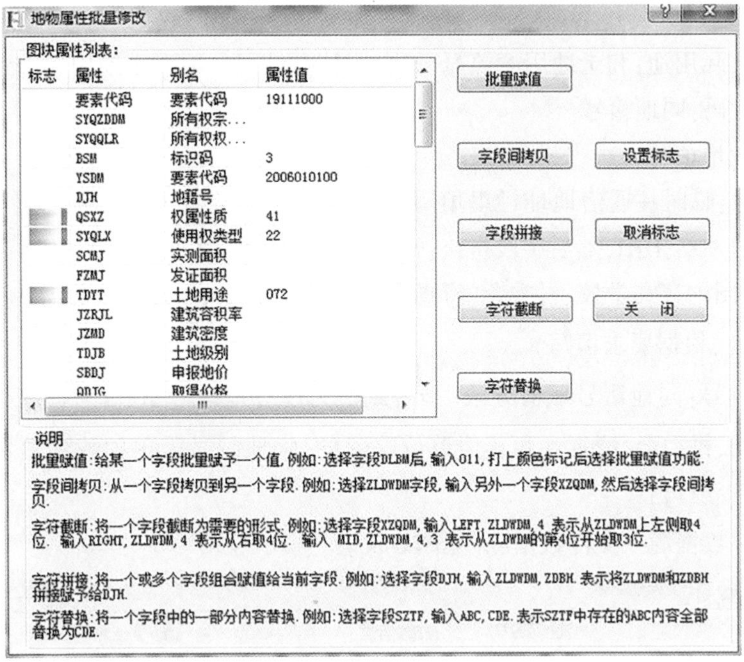

图 6-35

a. 权属性质：41（批刷后若图内存在学校、村委会、清真寺和其他单位院落的，权属性质需单独找到图块，用 查看属性，根据要求填写）。

b. 使用权类型：22（批刷后若图内存在学校、村委会、清真寺和其他单位院落的，使用权类型需单独找到图块，用 查看属性，根据要求填写）。

c. 土地用途：将 72 改为 072（批刷后若图内存在学校、村委会、清真寺和其他单位院落的，土地用途需单独找到图块，用 查看属性，根据要求填写）。

d. 新地类号：将 72 改为 072（批刷后若图内存在学校、村委会、清真寺和其他单位院落的，新地类号需单独找到图块，用 查看属性，根据要求填写）。

e. 旧地类号：和新地类号填写内容一致。

f. 是否争议：否（若特别记录争议情况填写是）。

g. 原始地籍号：同地籍号。

h. 宗地特征码：C（批刷后若图内存在学校、村委会、清真寺和其他单位院落的，宗地特征码需单独找到图块，用 查看属性，根据要求填写）。

i. 预编地籍号：同地籍号。

j. 权属单位代码：同坐落单位代码。

k. 单位性质：12（批刷后若图内存在学校、村委会、清真寺和其他单位院落的，单位性质需单独找到图块，用 查看属性，根据要求填写）。

l. 邮政编码：根据所在地邮政编码填写。

m. 权利设立情况：1。

n. 土地实际用途：和土地用途填写一致（无特殊情况一般和土地用途一致）。

o. 宗地代码：同地籍号。

②特殊批量填写方法。

a. 地籍号：临时在通信地址栏里填写。坐落单位代码+JC00，然后批量赋值；在地籍号栏里填写：TXDZ，DJH，然后字段拼接；地籍号赋好值后，将通信地址栏清空点击批量赋值（批刷后若图内存在学校、村委会、清真寺和其他单位院落的，地籍号需单独找到图块，用 查看属性，根据要求填写）。

b. 宗地编号：同地籍号赋值方法一样，赋值为没有地籍号 JC00 后面三位（批刷后若图内存在学校、村委会、清真寺和其他单位院落的，宗地编号需单独找到图块，用 查看属性，根据要求填写）。

打开文件数据源→文件数据源（见图 6-36）。

图 6-36

图块属性列表→TxtMemo 列删掉其他，只留下宗地代码（见图 6-37、图 6-38）。

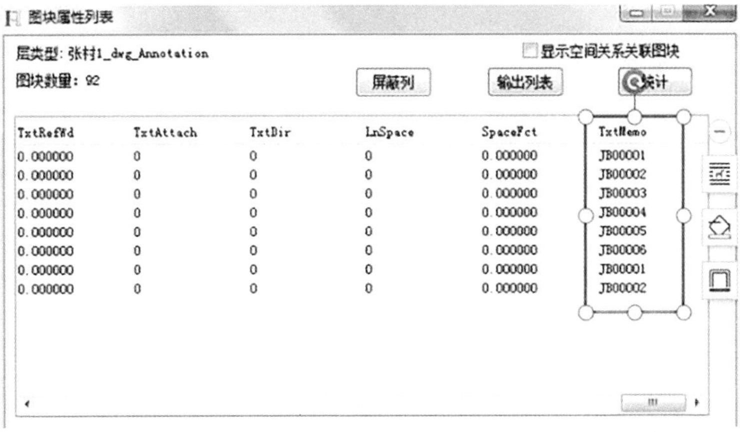

图 6-37

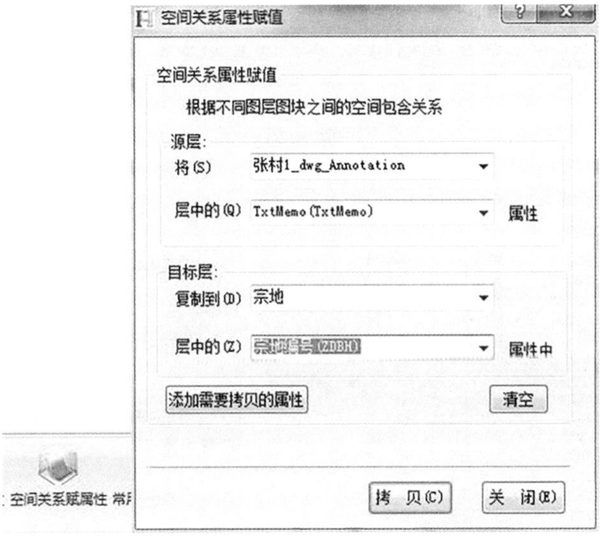

图 6-38

图 6-39

框选住某个村(见图 6-39～图 6-41)。

(3)当属性不一致时(比如权利人姓名)(见图 6-42～6-44)。

①打开文件数据源→文件数据源。

②图块属性列表→TxtMemo 列删掉其他，只留下姓名。

③点击空间关系属性赋值(将注记层的 TxtMemo 复制到数据库 002 的宗地、权利人属性中)。

④点击添加需要拷贝的属性→拷贝。

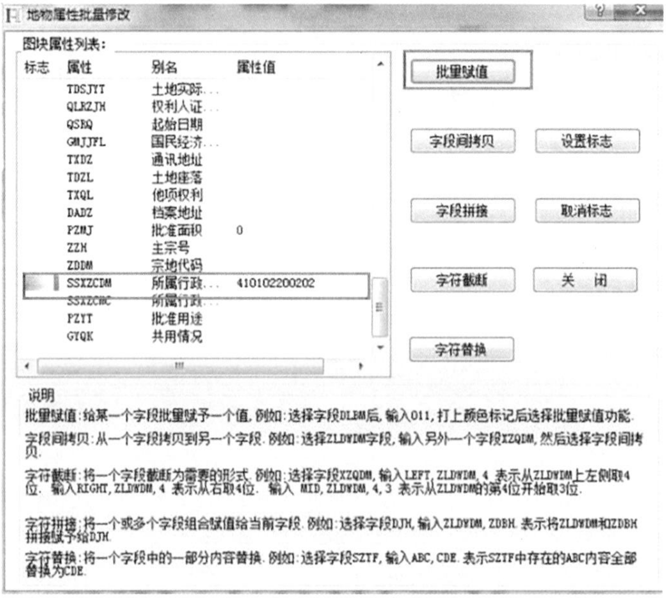

图 6-40

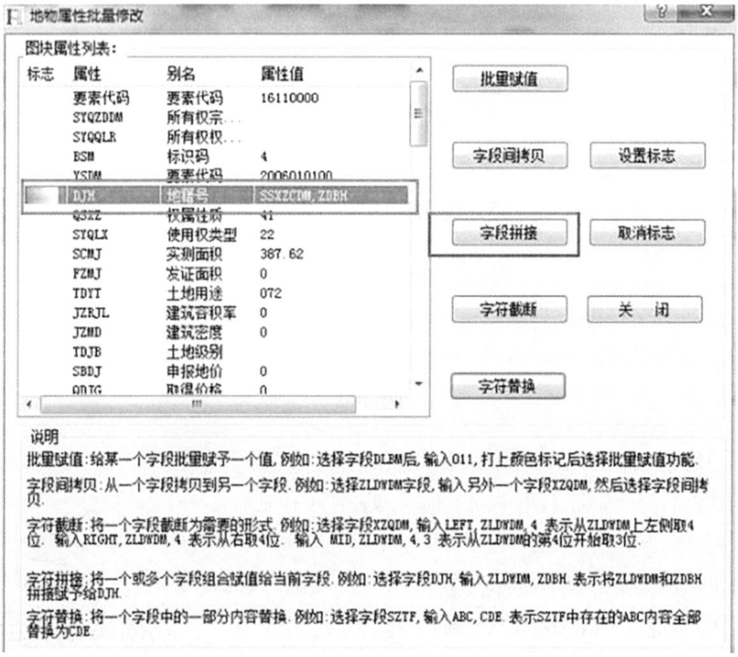

图 6-41

(4)在 Access 数据库下(mdb)填写方法。

Mdb 制作:苍穹入库保存后关闭苍穹软件,双击打开保存路径下的 mdb,打开 ZD 层,在任意字段上右击选择取消隐藏字段,打钩只显示需要的字段:DJH、TXDZ、TDZL、DZ、NZ、XZ、BZ、QLR、SM、QLRZJH ,右击 DJH 选择升序,按从小到大排好序(见图 6-45、图 6-46)。

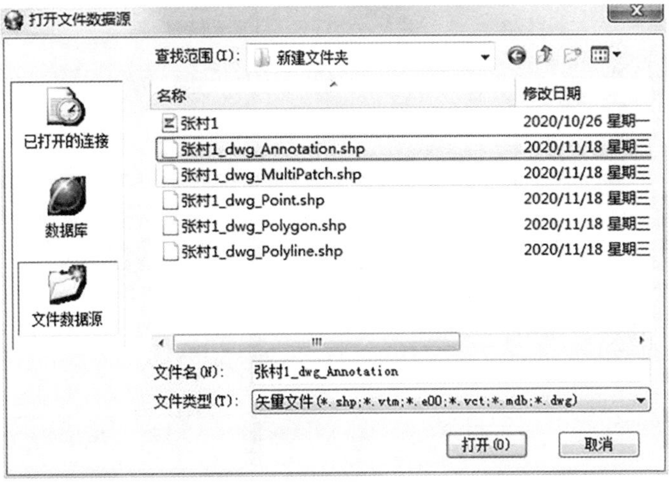

图 6-42

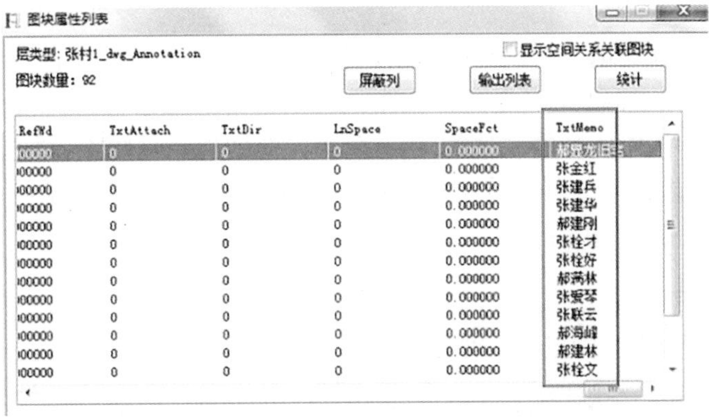

图 6-43

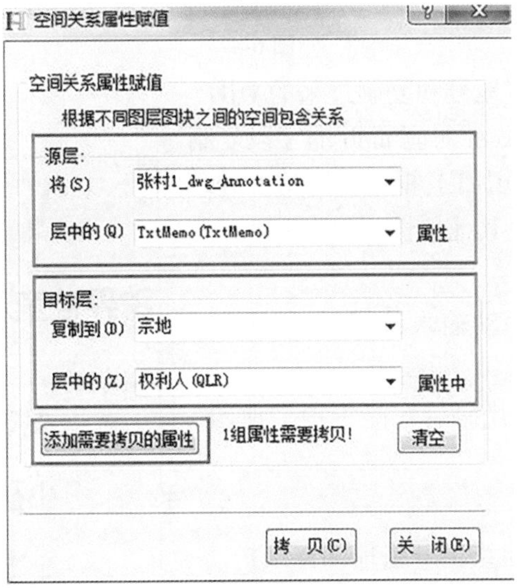

图 6-44

图 6-45

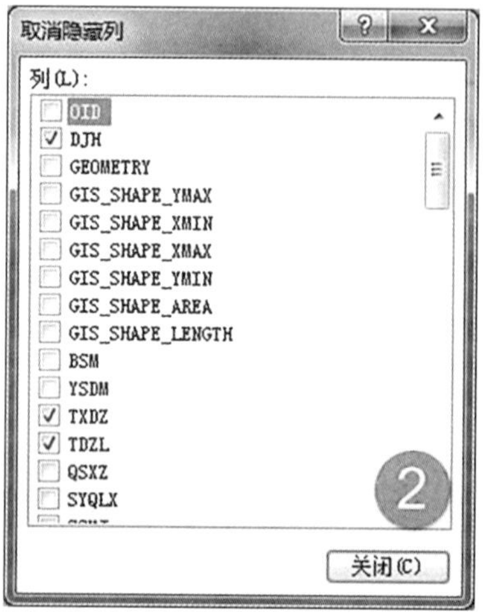

图 6-46

Excel 制作：打开所填写村的台账（以泾源县兴民乡先锋村权属调查台账.xls 为例），第一行只留表头，在 Excel 工具栏选择视图→冻结窗格→冻结首行，全选 D 列，右击插入一列空列，将 mdb 中 DJH 列复制过来，将有单位院落的地籍号删除，注意选择单元格上移（删除前要将这类地籍号复制保留在其他地方单独根据台账赋值）（见图 6-47）。

	A	B	C	D	E	F	G	
1	序号	预编	宗地号	权利人	身份证号	联系方式	通信地址	
2	1	114	JC00001	吴万仓	642225195101071011	13259610487	泾源县新民乡先锋村三组368号	泾源
3	2	133	JC00002	吴广广	642225197503091014		泾源县新民乡先锋村三组387号	泾源
4	3	47	JC00003	吴广慈	64222519801020103X	18209692827	泾源县新民乡先锋村三组379号	泾源
5	4	102	JC00004	禹春喜	642225196807141071	13209545723	泾源县新民乡先锋村三组347号	泾源
6	5	110	JC00007	吴春喜	642225196805291017		泾源县新民乡先锋村三组313号	泾源
7	6	93	JC00008	吴生权	642225193712231011	14709545318	泾源县新民乡先锋村三组359号	泾源

图 6-47

在 Excel 表里检查宗地号和复制过来的 DJH 是否对应。若对应，将 Excel 对应 mdb 的字段复制过去；若不对应，查找错误原因，根据实际情况处理。

（5）维护的方法生成其他属性（见图 6-48～图 6-50）。

①维护坐落（如果手动输入过，此过程不用做）。

注意：有了坐落单位代码后才能维护宗地四至和界址点界址线。

②维护宗地四至。

数据建库→宗地房屋维护→宗地四至维护。

③生成界址点。

数据建库→宗地房屋维护→宗地拓扑及属性维护→宗地界点线拓扑维护（见图 6-51～图 6-53）。

图 6-48

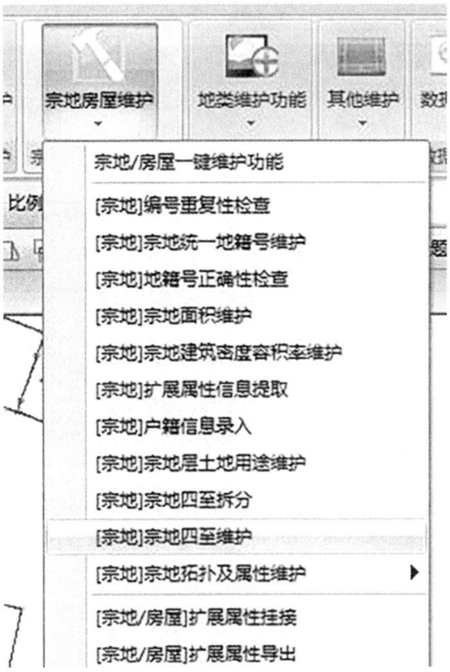

图 6-49

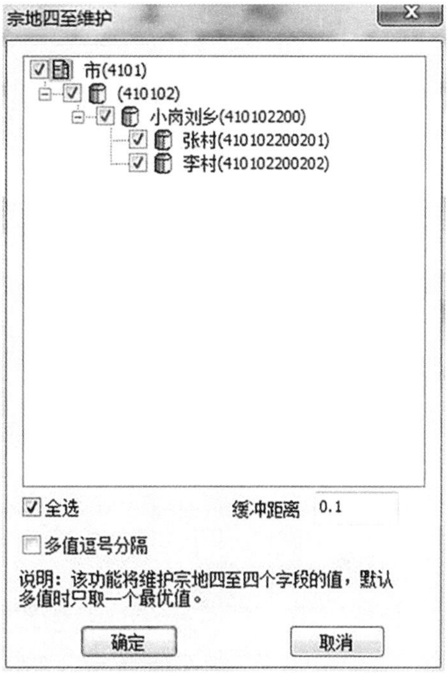

图 6-50

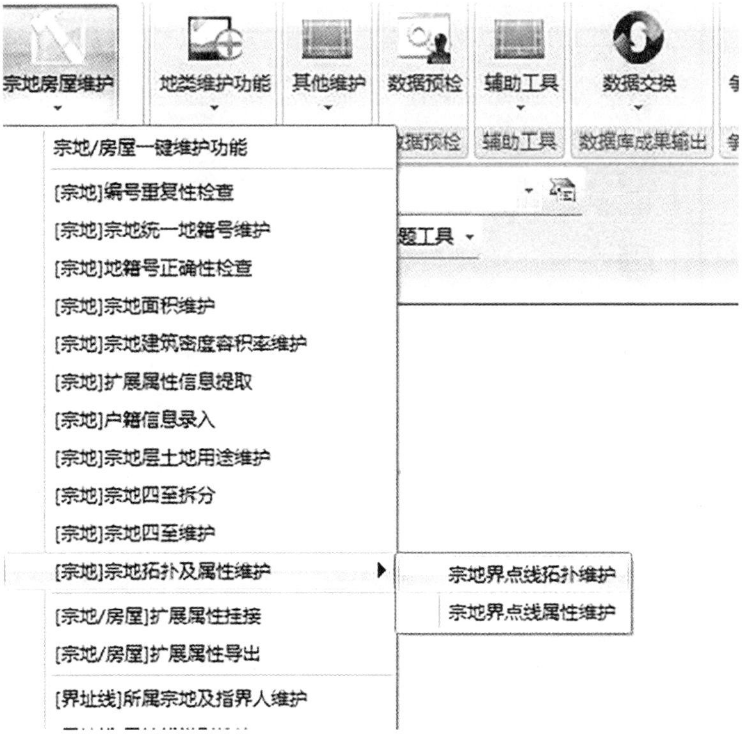

图 6-51

图 6-52

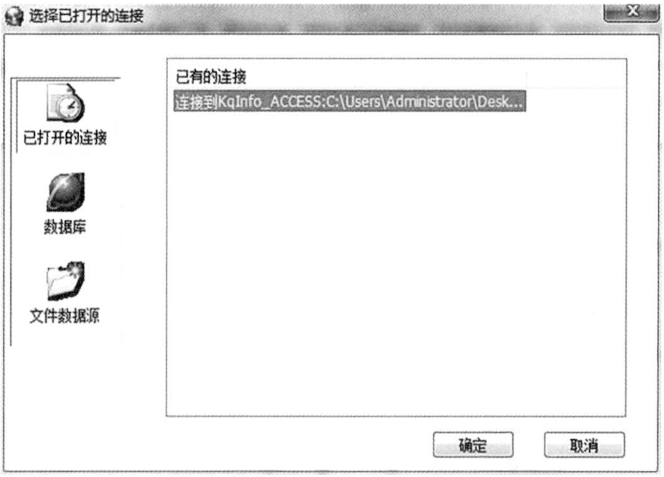

图 6-53

④维护界址点坐标。

查询编辑→常用属性维护→点坐标至属性维护(见图 6-54、图 6-55)。

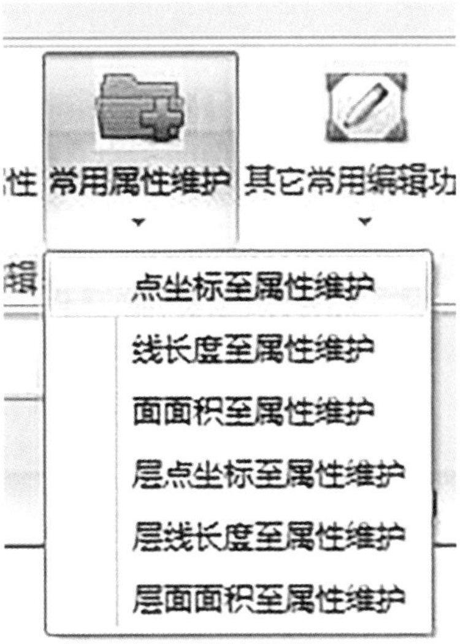

图 6-54

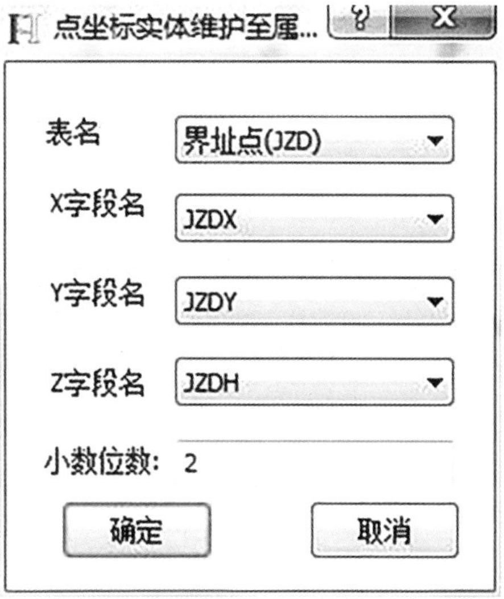

图 6-55

(五)房屋图形及属性入库

1. 房屋图形入库

方法与宗地一致,房屋在 JMD 层。

2. 房屋属性入库

(1)输入房屋层数和性质(见图 6-56)。

方法一:手动录入。

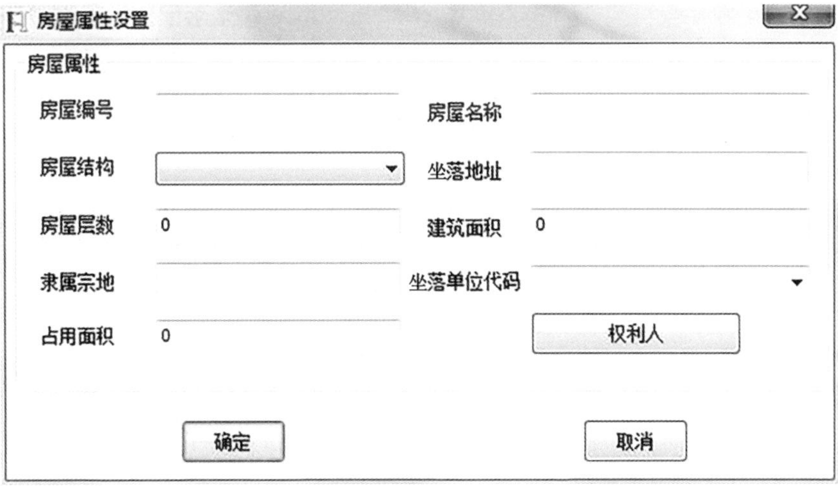

图 6-56

方法二:

右击房屋层→属性浏览→房屋结构字段,将代码是 4 的全选右击选中图块→地物属性批量修改赋值为 5(Cass 软件房屋结构代码为 4,苍穹软件为 5,都代表结构为砖)。

(2)维护其他信息(见图 6-57~图 6-59)。房屋隶属宗地及编号维护。房屋所在地籍区、地籍子区、坐落维护。

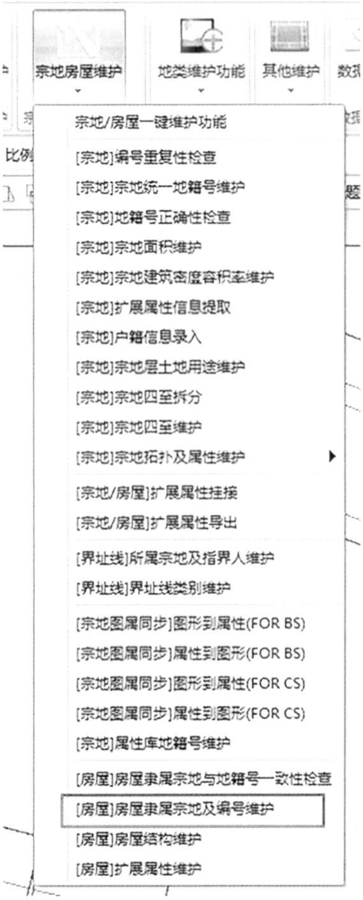

图 6-57

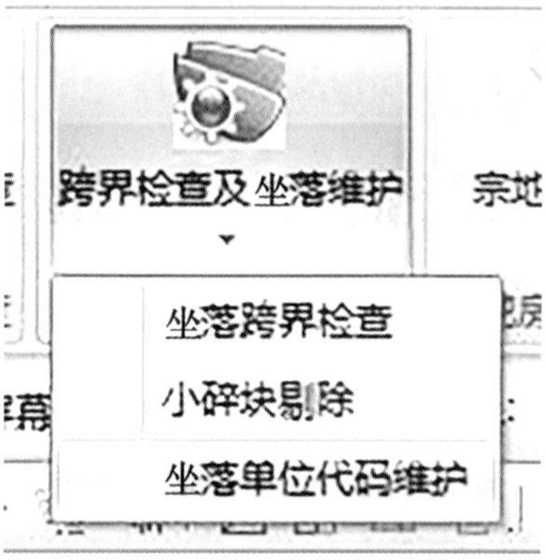

图 6-58

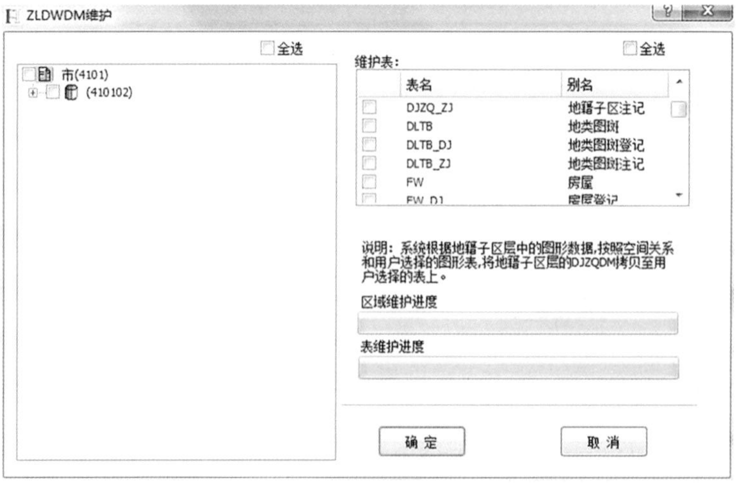

图 6-59

(六)输出成果及查询

1. 输出

数据建库→数据交换→输出成果包(见图 6-60～图 6-62)。

图 6-60

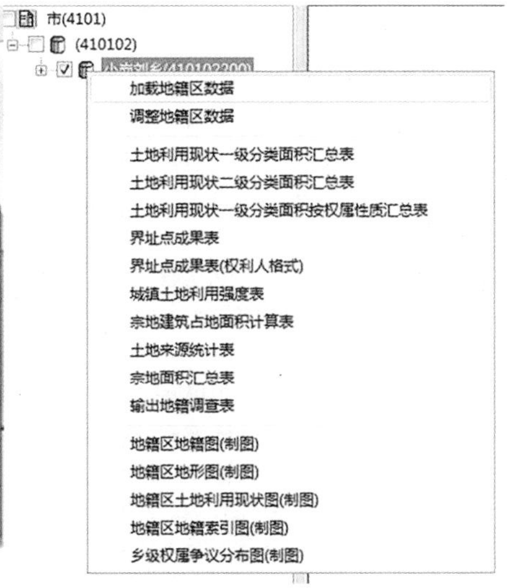

图 6-61

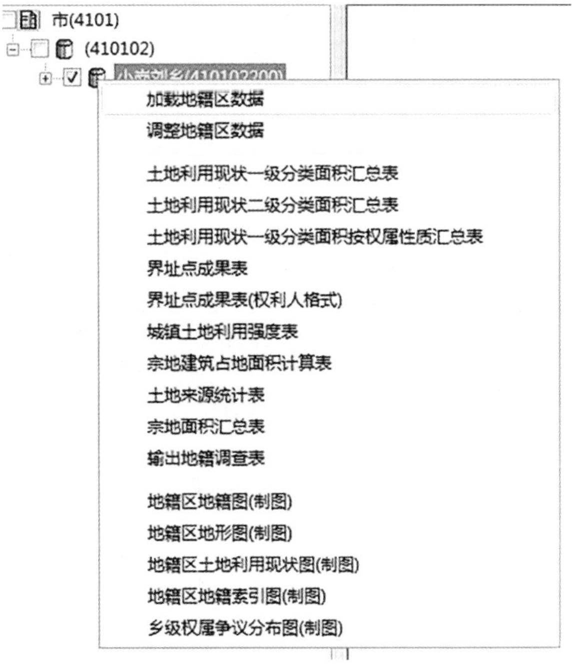

图 6-62

数据包包括：

(1)栅格图数据：图(分幅图、地籍图、宗地图、索引图)。

(2)文档：技术文档。

(3)表格：统计表格。

(4)元数据：坐标系统。

(5)数据库质量检查结果记录：由专业的软件检查出来。

(6)县域：原始格式矢量数据(shp 文件)、标准格式矢量数据，两个有一个即可。

2. 查询功能

(1)查看宗地图。

选中宗地，左下角 模板管理，可以修改宗地图模板(见图 6-63、图 6-64)。

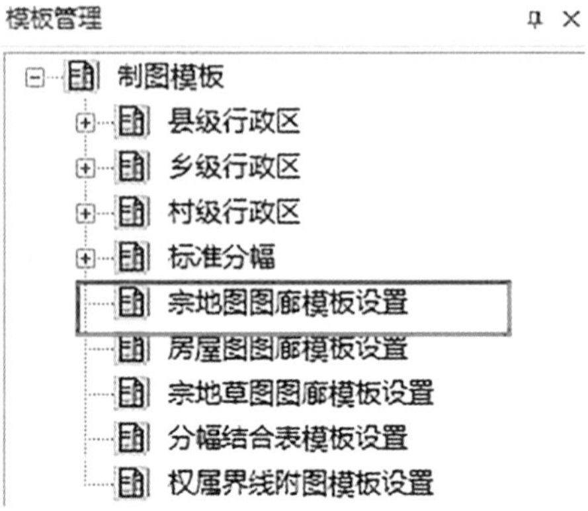

图 6-63

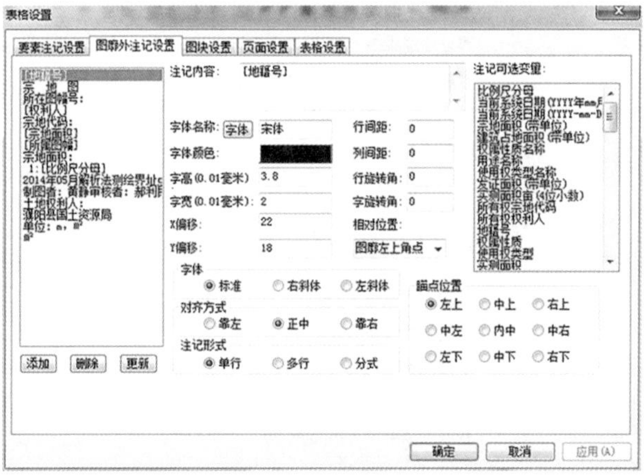

图 6-64

(2)按图块代码选取。

点击→图块选取(见图 6-65)。

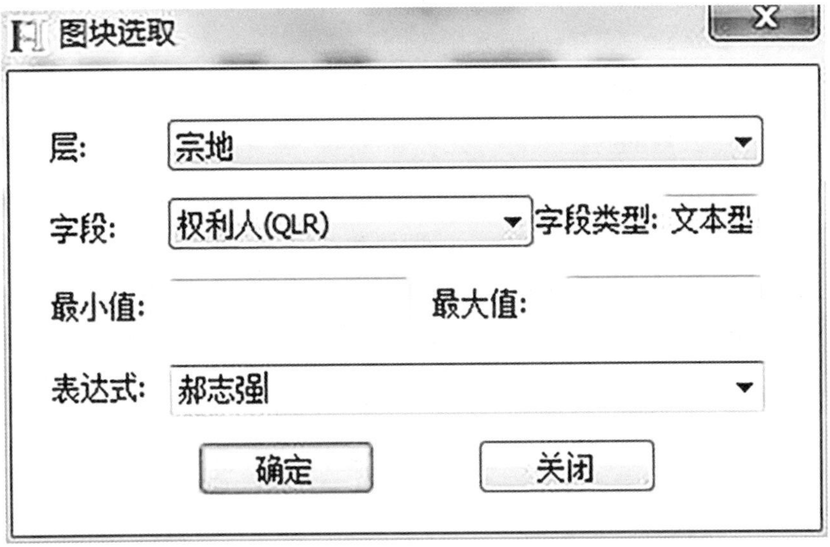

图 6-65

(3)地籍子区目录树→选中张村→某一户界址点成果表(见图 6-66、图 6-67)。

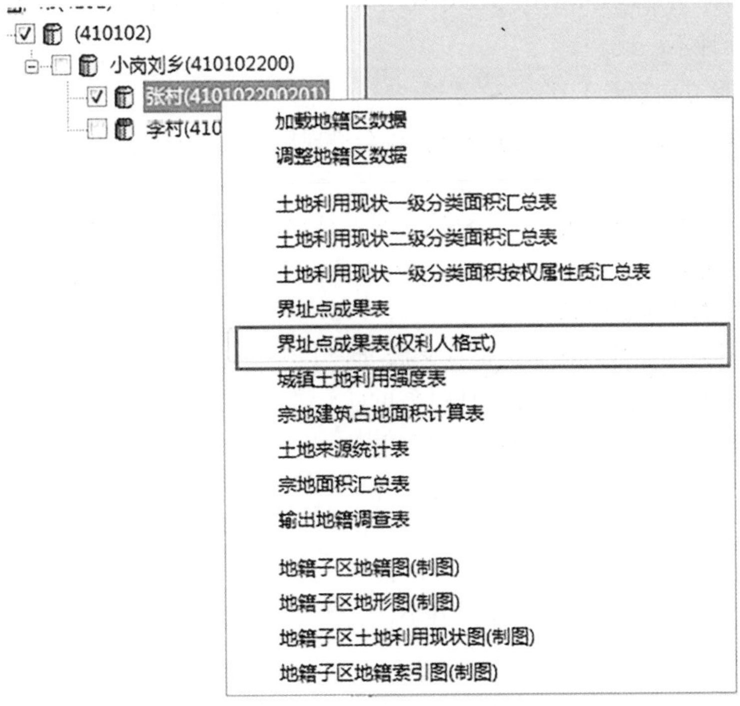

图 6-66

图 6-67

四、注意事项

(一)界址线属性不一致

界址线方向与宗地方向不一致,导致用属性浏览工具看到的界址线属性与用工具看到的属性不一致。

说明:图形方向察看工具。

简单判别图形走向的方法:选中界址线会显现界址线上的节点,红点是这条线的起点。

同样选中宗地,宗地上的节点会显示,红点是宗地的起点,在苍穹软件下宗地一般是按顺时针方向构成的。

(二)界址点线属性丢失

用工具录入界址点线属性保存之后,回头检查录入的属性数据都不显示,是因为界址点线位置距离录入的数据太多超过了字段定义的长度,导致录入的数据保存不到数据库中。字段中界址点线层 JZXWZJL(界址点线位置距离)字段长度已经从 3 改为 5,字段长度为 5 时最多可以录入 3 个数字加一个小数点(见图 6-68)。

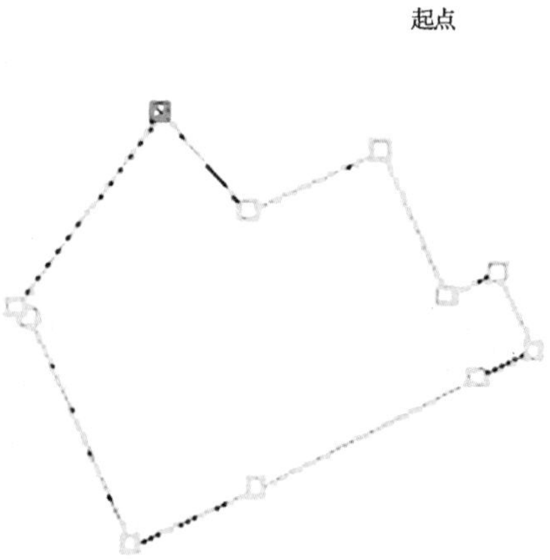

图 6-68

五、实训成果

张村数据库建设成果一份,集体土地使用权数据库建设实训报告一份。

六、成绩考核

（1）自我评价与组员互评。

自我评价与组员互评

项目名称					
实训场地		组别姓名		班级学号	
序号	考核项	分值	实训要求	自我评定	备注
1	实训态度、思想意识	20	实训态度认真，思想意识高		
2	实训纪律	10	遵守实训纪律，服从老师、组长管理		
3	团队协作	5	团队协作能力强，配合其他组员完成任务		
4	完成入库前的数据准备及数据库连接	5	独立完成，准确无误		
5	行政区图形及属性入库	5	能熟练操作并能处理行政区入库过程出现的问题		
6	宗地图形及属性入库	10	能熟练操作并能解决宗地入库过程出现的问题		
7	房屋图形及属性入库	5	能熟练操作并能处理房屋入库过程出现的问题		
8	输出成果及查询	5	能熟练操作并能解决输出成果及查询时出现的问题		
9	实训内容完成情况	5	能独立完成各实训内容		
10	实训内容完成时间	5	能按时完成各实训内容		
11	实训安全情况	5	实训安全无事故		
12	实训报告编写情况	5	内容齐全，语言通顺流畅，次序合理，书写整洁美观，语言尽量简洁、精练		
13	实训考核情况	10	单项考核情况		
14	分析问题和解决问题的能力	5	分析和解决实训问题能力强		
实训总结与反思：					
组长评价：________ 小组其他同学评价：________________					

（2）教师评价。

实训指导教师评价

项目名称					
实训场地		组别姓名		班级学号	
序号	考核项	分值	实训要求	考核评定	备注
1	实训态度、思想意识	20	实训态度认真，思想意识高		
2	实训纪律	10	遵守实训纪律，服从老师、组长管理		
3	团队协作	5	团队协作能力强，配合其他组员完成任务		
4	完成入库前的数据准备及数据库连接	5	独立完成，准确无误		
5	行政区图形及属性入库	5	能熟练操作并能处理行政区入库过程出现的问题		
6	宗地图形及属性入库	10	能熟练操作并能解决宗地入库过程出现的问题		
7	房屋图形及属性入库	5	能熟练操作并能处理房屋入库过程出现的问题		
8	输出成果及查询	5	能熟练操作并能解决输出成果及查询时出现的问题		
9	实训内容完成情况	5	能独立完成各实训内容		
10	实训内容完成时间	5	能按时完成各实训内容		
11	实训安全情况	5	实训安全无事故		
12	实训报告编写情况	5	内容齐全，语言通顺流畅，次序合理，书写整洁美观，语言尽量简洁、精练		
13	实训考核情况	10	单项考核情况		
14	分析问题和解决问题的能力	5	分析和解决实训问题能力强		
存在问题：					
指导教师：____________			评价时间：____年___月___日		

【思政小课堂】

新一代信息技术和创新作为智慧城市建设的两大基因,缺一不可。本项目结合具体案例的实训,要求学生熟练掌握集体土地使用权数据库建设过程,促使学生掌握新一代信息技术,为智慧城市建设打好坚实的基础。

关于新型智慧城市发展的思考

新型智慧城市是建设数字中国、智慧社会的核心载体。我国新型智慧城市已经进入以人为本、成效导向、统筹集约、协同创新的新发展阶段。各地区从实际出发进行了大量实践,高位统筹,积极推进,顶层设计成为新型智慧城市建设的前提。新型智慧城市发展重心逐渐从整体谋划、全面建设向营造优质环境、设计长效可持续发展机制转变,全面创新组织管理、建设运营、互动参与等机制。

一、智慧城市发展历史沿革

我国智慧城市发展经过了三个阶段。第一阶段为2008~2012年,主要特点是智慧城市概念的输出,以各领域分头推进行业数字化智能化改造为特点,处于分散建设阶段;第二阶段为2012~2015年,主要特点是智慧城市试点探索发展,在智慧城市部际协调工作组指导下,各业务应用领域开始探索局部联动共享,智慧城市步入规范发展阶段;第三阶段为2016年启动至今,智慧城市发展理念、建设思路、实施路径、运行模式、技术手段的全方位迭代升级,进入以人为本、成效导向、统筹集约、协同创新的新型智慧城市发展阶段。从发展重点看,进一步强化城市智能设施统筹布局和共性平台建设,破除数据孤岛,加强城乡统筹,形成智慧城市一体化运行格局;从实施效果看,通过叠加5G、大数据、人工智能等新技术发展红利,推动智慧城市网络化、智能化新模式,新业态竞相涌现,形成无所不在的智能服务,让人民群众对智慧城市有更切实的现实获得感。

二、新型智慧城市建设核心及特点

(一)新型智慧城市包含十大核心要素

新型智慧城市包含十大核心要素,涵盖智慧城市设计、建设、运营、管理、保障各个方面。具体来说,包括顶层设计、体制机制、智能基础设施、智能运行中枢、智慧生活、智慧生产、智慧治理、智慧生态、技术创新与标准体系、安全保障体系。

(二)高位谋划凸显全域一体

部分省出台了智慧城市发展的顶层政策,衔接上级部门,指导地方城市,逐步形成部门协同、上下联动、层级衔接的新型智慧城市发展新格局。如2018年9月,陕西省发布关于加快推进全省新型智慧城市建设的指导意见,并建立省市两级协调推进机制。2019年9月,山东省印发《山东省新型智慧城市试点示范建设工作方案》,围绕基础设施、数字惠民、数字政务、数字经济、保障措施、地方特色等分类,提出了划分不同发展层级的新型智慧城市试点示范建设标准,并提出力争将智慧城市打造成数字中国建设领域代表山东的一张名片。

(三)多规合一与数字政府一体化设计

一方面,新型智慧城市顶层设计与规划注重多规融合、多规合一。全国60%以上的地市建立了“多规合一”信息平台,基于统一的基础数据,智能设施布局、产业落地、应用部署、空间功能等最终集聚在一张图上,形成各类规划底图数据集成,逐步实现规划“一张蓝图”的目标。在数字化转型背景下,新型智慧城市顶层设计从业务板块、应用功能设计,向更突出一体化、整体性设计转变,更加突出数字政府的地位,构建形成面向城市发展的统一的数字底座和能力中台。

(四)商业模式上积极探索创新可持续发展模式

智慧城市的建设和运维需要大量的资金投入,少则上千万元,多则几百亿元,仅靠政府资金支持难以承担。智慧城市的发展一定要形成清晰的盈利模式,方可持续健康。目前,智慧城市项目盈利模式主要分为三大类:一是积累用户,流量变现,通过智慧旅游、智慧教育等项目积累大量用户,通过提供增值服务,促使流量变现。如某公司携手政府打造智慧景区项目,依托大量的游客信息和资源,计划开发“旅游分期付”“旅游贷”等项目。二是基于合同管理,收益分成。例如,由企业投资改造的智慧路灯项目,政府将省下来的电费分期偿还给企业,合同管理到期后,智慧路灯再无偿转交给政府。这种政府零投资的模式,有效解决了改造资金不足的问题,实现政府省钱、社会节能、企业盈利的“三赢”局面。三是数据脱敏,有限经营。例如把智慧城市中积累的不涉及隐私的数据脱敏后,租给企业,企业进一步对数据潜在商业价值进行挖掘,拓展形成新商机,实现政企双赢合作。如某地级市在建设运营城市智慧校园项目中,把校园内监控、校园周边监控、校车监控等数据整合起来,通过城市综合运营平台开放给专业运营公司,面向政府、学校、家长提供有偿运营服务,家长可以通过App了解孩子的活动轨迹。

(五)参与机制上强调公众参与探索共建共治

一方面,对于新型智慧城市规划、建设,对于项目金额大、服务对象广等项目,最大限度地让大众参与,能有效提升智慧城市口碑和居民获得感。例如,广州市开展智慧灯杆建设过程中,将多种类型的灯杆造型上网供市民挑选,票选最多的成为智慧路灯的重要选型依据,极大增加了智慧城市项目的吸引力和市民好感度。另一方面,政府通过公共服务平台将城市问题摆上货架,将城市管理下沉到基层,将百姓诉求直通到政府,给予市民集体参与解决自己身边问题的空间,形成社会治理共建共享。如贵阳市针对城市管理建立了一套在线互动交流系统——百姓拍,市民可以通过拍照取证、投诉举报等流程参与市政设施、环境卫生、综合执法、渣土管理、园林绿化、工地管理等六大城市管理。

参考文献

[1] 中华人民共和国国土资源部. 地籍调查规程:TD/T 1001—2012[S]. 北京:中国标准出版社,2014.
[2] 国家质量技术监督局. 房产测量规范:GB/T 17986. 1—2000[S]. 北京:中国质检出版社,2014.
[3] 中华人民共和国住房和城乡建设部. 城市测量规范:CJJ/T 8—2011[S]. 北京:中国建筑工业出版社,2012.
[4] 中国国家标准化管理委员会. 土地利用现状分类:GB/T 21010—2017[S]. 北京:中国标准出版社,2017.
[5] 中华人民共和国国务院令第 656. 不动产登记暂行条例[S]. 北京:法律出版社,2016.
[6] 中华人民共和国国土资源部. 不动产登记暂行条例实施细则[S]. 北京:法律出版社,2016.
[7] 中华人民共和国国土资源部. 不动产权籍调查技术方案(试行)[S]. 2015.
[8] 中华人民共和国自然资源部. 不动产数据库标准(试行)[S].
[9] 中华人民共和国自然资源部. 第三次全国国土调查县级数据库建设技术规范(试行) [S]. 2018.
[10] 中华人民共和国住房和城乡建设部. 卫星定位城市测量技术规范:CJJ/T 73—2010[S]. 北京:光明日报出版社,2010.
[11] 中国国家标准化管理委员会. 全球定位系统(GPS)测量规范:GB/T 18314—2009[S]. 北京:中国质检出版社,2009.
[12] 中国国家标准化管理委员会. 测绘成果质量检查与验收:GB/T 24356—2009[S]. 北京:中国标准出版社,2009.
[13] 中国国家标准化管理委员会. 数字测绘成果质量检查与验收:GB/T 18316—2008[S]. 北京:中国标准出版社,2008.
[14] 中华人民共和国住房和城乡建设部. 城市基础地理信息系统技术标准:CJJ/T 100—2017[S]. 北京:中国建筑工业出版社,2018.
[15] 中国国家标准化管理委员会. 行政区域界线测绘规范:GB/T 17796—2009[S]. 北京:中国标准出版社,2009.
[16] 自然资源部职业技能鉴定指导中心. 测量基础[M]. 郑州:黄河水利出版社,2019.
[17] 自然资源部职业技能鉴定指导中心. 不动产测绘[M]. 郑州:黄河水利出版社,2019.
[18] 侯方国. 房产测绘[M]. 郑州:黄河水利出版社,2019.
[19] 吕永江. 房产测量规范与房地产测绘技术[M]. 北京:中国标准出版社,2001.
[20] 侯方国. 地籍测绘[M]. 郑州:黄河水利出版社,2015.
[21] 杨木壮. 不动产测绘[M]. 武汉:中国地质大学出版社,2019.
[22] 蓝悦明. 不动产测量与管理[M]. 武汉:武汉大学出版社,2008.
[23] 邓军. 地籍测量[M]. 郑州:黄河水利出版社,2012.
[24] 梁玉保. 地籍调查与测量[M]. 郑州:黄河水利出版社,2010.
[25] 詹长根. 地籍测量学[M]. 武汉:武汉大学出版社,2011.
[26] 郭玉社. 房地产测绘[M]. 北京:机械工业出版社,2018.
[27] 吕永江. 房产测量规范与房地产测绘技术[M]. 北京:中国标准出版社,2001.
[28] 刘权. 房地产测量[M]. 武汉:武汉大学出版社,2009.

[29] 何霖. 地籍与房产测绘[M]. 成都:西南交通大学出版社,2014.
[30] 益鹏举. GNSS 测量技术[M]. 郑州:黄河水利出版社,2010.
[31] 冯红卫. 建筑施工图识读技巧与要诀[M]. 北京:化学工业出版社,2011.
[32] 何玉洁. 数据库原理与应用教程——SQL Server[M]. 北京:机械工业出版社,2016.
[33] 刘耀林. 土地信息系统[M]. 北京:中国农业出版社,2016.
[34] 田永中. 地理信息系统实验教程[M]. 北京:科学出版社,2019.
[35] 张新长. 地理信息系统数据库[M]. 2 版. 北京:科学出版社,2018.
[36] 张东明. GNSS 定位测量技术[M]. 武汉:武汉理工大学出版社,2016.

不 动 产 测 绘 实 训

成 果 记 录 页

不 动 产 测 绘 实 训

成 果 记 录 页

不 动 产 测 绘 实 训

成 果 记 录 页

不 动 产 测 绘 实 训

成 果 记 录 页

不动产测绘实训

成果记录页

不 动 产 测 绘 实 训

成 果 记 录 页

不动产测绘实训

成果记录页

不动产测绘实训

成果记录页

不动产测绘实训

成果记录页

不动产测绘实训

成果记录页

不 动 产 测 绘 实 训

成 果 记 录 页

不动产测绘实训

成果记录页

不 动 产 测 绘 实 训

成 果 记 录 页

不 动 产 测 绘 实 训

成 果 记 录 页

不动产测绘实训

成果记录页

不 动 产 测 绘 实 训

成 果 记 录 页

不 动 产 测 绘 实 训

成 果 记 录 页

不 动 产 测 绘 实 训

成 果 记 录 页

不 动 产 测 绘 实 训

成 果 记 录 页

不动产测绘实训

成果记录页

不动产测绘实训

成果记录页

不 动 产 测 绘 实 训

成 果 记 录 页

不 动 产 测 绘 实 训

成 果 记 录 页

不动产测绘实训

成果记录页

不 动 产 测 绘 实 训

成 果 记 录 页

不 动 产 测 绘 实 训

成 果 记 录 页

不动产测绘实训

成果记录页

不 动 产 测 绘 实 训

成 果 记 录 页

不 动 产 测 绘 实 训

成 果 记 录 页

不 动 产 测 绘 实 训

成 果 记 录 页

不动产测绘实训

成果记录页

不 动 产 测 绘 实 训

成 果 记 录 页

不 动 产 测 绘 实 训

成 果 记 录 页

不 动 产 测 绘 实 训

成 果 记 录 页

不动产测绘实训

成果记录页

不 动 产 测 绘 实 训

成 果 记 录 页

不 动 产 测 绘 实 训

成 果 记 录 页

不 动 产 测 绘 实 训

成 果 记 录 页

不动产测绘实训

成果记录页

不动产测绘实训

成果记录页